内蒙古自然教育科普读物

——动物篇

内蒙古自治区生态环境宣传教育中心　编著

中国农业科学技术出版社

图书在版编目（CIP）数据

内蒙古自然教育科普读物 . 动物篇 / 内蒙古自治区生态环境宣传教育中心编著 . --
北京 : 中国农业科学技术出版社 , 2023.11
ISBN 978-7-5116-6535-5

Ⅰ . ①内… Ⅱ . ①内… Ⅲ . ①自然科学 – 普及读物 ②动物 – 普及读物 Ⅳ . ① N49
② Q95-49

中国国家版本馆 CIP 数据核字 (2023) 第 224251 号

责任编辑	陶　莲
责任校对	王　彦
责任印制	姜义伟　王思文

出 版 者	中国农业科学技术出版社
	北京市中关村南大街 12 号　　邮编 : 100081
电　　话	（010）82109705（编辑室）（010）82106624（发行部）
	（010）82109709（读者服务部）
网　　址	https://castp.caas.cn
经 销 者	各地新华书店
印 刷 者	北京建宏印刷有限公司
开　　本	210 mm×285 mm　1/16
印　　张	8
字　　数	202 千字
版　　次	2023 年 11 月第 1 版　2023 年 11 月第 1 次印刷
定　　价	86.00 元

《内蒙古自然教育科普读物—动物篇》
编 委 会

主 任	吴宪璋				
主 编	李 婧	周 培	姜圆圆		
副主编	于春丽	王 静	刘 云	任 锐	
组稿人	王 楠	付 源	牛晓璃	李飞飞	
审 订	高宇飞	张 潇	张 涛	杨 龙	冀鹏浩
成 员	韩艳丽	王小娜	白小玲	云 鹏	李 冉	王永平
	张 媛	郎巧峰	孟祥麟	张 慧	邢亚坤	王 倩
	张金林	超乐萌	赵鹏武	舒 洋	向昌林	李连珍
	赵剑峰	张 华	李 震	朱永生	孙力军	邢晶晶
	廉贺祥	章 庚	潘春宏	梁喜珍	张学峰	
顾 问	黄 赋	李洪金	周 梅	王成杰	牛 锋	贺振平
	郭晓雷					

前　言

党的二十大对"推动绿色发展，促进人与自然和谐共生"作出了重要部署。促进人与自然和谐共生，是面对人与自然深层次矛盾日益凸显做出的智慧选择，是中国式现代化的本质要求之一。人类文明的发展，需要我们更多地了解自然生态，正确看待人类与野生动植物的关系，善待地球上的每一个物种，共同构建人与自然生命共同体。

内蒙古地处祖国北疆，生态系统类型多样，动植物资源丰富，是开展自然教育的天然宝库。但长期以来，本土化自然教育图书的匮乏，一直困扰着自然教育活动的开展。

2022 年，内蒙古自治区生态环境宣传教育中心组织编辑出版了《内蒙古自然教育科普读物——植物篇》，该书的出版，一定程度上弥补了我区自然教育科普用书的不足。为进一步完善自然教育科普作品体系，丰富本土化自然教育内容，在前期深入调研和广泛征集意见的基础上，2023 年内蒙古自治区生态环境宣传教育中心再次组织编写了这本《内蒙古自然教育科普读物——动物篇》。

《内蒙古自然教育科普读物——动物篇》一书内容丰富，通过对内蒙古动物多样性的系统梳理，较为全面地介绍和展示了内蒙古鸟类和哺乳动物物种的丰富多彩。本书形象生动，通过细致入微的手绘图片和动物形态特征的文字性描述，使广大读者能够对内蒙古常见动物有直观清晰的了解。本书形式设计灵活，在很多篇章中还穿插设置了与动物相关的人文知识，融入了包含动物内容的古诗词等文学作品，对于传承弘扬中华民族优秀传统文化、提高读者诗词文化素养等也有一定的作用。

本书的顺利出版，得益于编写组各位成员的团结协作和辛勤付出。在此，特别感谢内蒙古大学杨贵生、内蒙古自治区林业和草原监测规划院牛锋、蒙格罕山自然保护区管理局张金林、赛罕乌拉自然保护区于春丽、*KIVI*（酷威）自然探索张涛、敕勒林海自然学校杨龙等关注内蒙古本土自然教育事业发展的朋友的支持和热心帮助。

由于时间紧促，全书难免出现一些疏漏和不足，敬请各位读者批评指正。

编　者

2023 年 11 月

目 录

05 常见鸟类

07 拓展游戏 —— 104

08 附 录 —— 107

06 常见哺乳动物

09 名词释义 —— 115

内蒙古自然教育科普读物
动 物 篇

动物家园

01

第一节　内蒙古动物区系

　　据 2022 年内蒙古自治区生态环境状况公报公布，内蒙古脊椎动物种类有 763 种，分属于 42 目、119 科、373 属。内蒙古地区动物区系属于古北界－东北亚界和古北界－中亚亚界的东北区、华北区和蒙新区。

　　东北亚界－东北区包括北部的大、小兴安岭等地，夏季短且潮湿，冬季漫长且寒冷，多为茂密的原始针叶林带，分布多为耐寒动物，代表动物有狍、麝、野猪、雪兔、小飞鼠、紫貂、猞猁、松鸡等。

　　东北亚界－华北区与蒙新区和东北区相邻，夏热冬冷，四季分明；农业发达，多为农田覆盖，动物种类较贫乏，代表动物有大仓鼠、五趾跳鼠、蒙古兔、黄鼬、狗獾、山斑鸠、家燕、喜鹊等。

　　中亚亚界－蒙新区包括蒙古高原、鄂尔多斯高原和阿拉善沙漠，降水少、温差大、土壤贫瘠，多为草原和荒漠带。分布多为沙生动物，代表动物有旱獭、兔狲、荒漠猫、野骆驼、蒙古野驴、原羚、盘羊、沙狐、大鸨、百灵、蓑羽鹤等。

浪漫之秋（兴安盟生态环境局　供图）

浑善达克沙地（锡林郭勒盟生态环境局 供图）

巴丹吉林沙漠（内蒙古自治区林业和草原局 供图）

第二节 自然保护区

内蒙古地形以高原为主，东部林海、南部平原、西部沙漠、北部草原；独特的地貌、多样的地形，造就了别具特色的内蒙古生态环境。内蒙古拥有我国最大的天然林区，我国系列最完整、类型最多样、面积最大的温性天然草原，我国面积最大的沙地生态系统，亚洲大陆中部干旱荒漠区特有植物集中分布区。

全区各级各类自然保护区、风景名胜区、地质公园、湿地公园、森林公园、沙漠公园等自然保护地380处（2022年内蒙古自治区生态环境状况公报），其中国家级自然保护区29处。

内蒙古呼伦湖国家级自然保护区

保护区始建于1986年，1992年晋升为国家级自然保护区，位于呼伦贝尔市境内，地处欧亚草原东端，属于温带大陆性气候，包含湖盆底地、滨湖平原和冲积平原、河漫滩、沙地、低山丘陵、高平原等6种地貌类型；主要保护对象为珍稀鸟类及其赖以生存的湖泊、河流、湿地及草原生态系统。

保护区总面积740 000公顷，其中核心区面积76 803公顷，缓冲区面积38 930公顷，实验区面积624 267公顷。

其中，最为著名的是位于乌尔逊河中段的乌兰诺尔核心区，湿地内芦苇丛生，是天然的鸟类和鱼类的栖息繁殖地，每年都有大量的鸟类在此栖息，所以乌兰诺尔素有"鸟的天堂"的美誉！

毕拉河国家级自然保护区

毕拉河国家级自然保护区

保护区2003年建立，2012年晋升为国家级自然保护区，位于呼伦贝尔市鄂伦春自治旗诺敏镇，地处大兴安岭北段东麓南坡的森林、灌丛向草原与农牧区交错过渡的嫩江流域，属中温带湿润、半湿润大陆性季风气候，分为山地、丘陵、河谷、平原等地貌类型；主要保护对象为森林沼泽、草本沼泽以及珍稀濒危野生动植物等。

保护区总面积56 604公顷，其中核心区面积23 009公顷，缓冲区面积20 289公顷，实验区面积13 306公顷。

毕拉河国家级自然保护区为大、小兴安岭林区和呼伦贝尔草原、松嫩平原交错区，拥有丰富的湿地资源、典型的沼泽和水域湿地生态系统，其湿地类型多样、水鸟资源丰富、生态过程完整、自然景观多样，具有巨大的生态效益。

内蒙古红花尔基樟子松林国家级自然保护区

保护区 1998 年建立，2003 年升级为国家级自然保护区，位于呼伦贝尔市鄂温克旗的南端，地处大兴安岭南段西坡，属于中温带大陆性气候；主要地貌为垄状坡度起伏的沙地和低山丘陵构成的山地，坡度较缓；主要保护对象为天然沙地樟子松林为代表的森林生态系统及栖息于该生态系统中的珍稀濒危动物和植物。

图片来源：内蒙古自治区文化和旅游厅官网

保护区总面积 20 085 公顷，其中核心区面积 5 126 公顷，缓冲区面积 2 250 公顷，实验区面积 12 709 公顷。

保护区是我国最大的沙地樟子松天然基因库，又是我国沙地樟子松生态系统最理想的科学研究和教育基地，是华北地区重要的野生物种基因库和宝贵的自然生态遗产，对于深入研究保护区域内的地质地貌，沙地樟子松林植物群落演替、动植物资源、森林草原类型的生态环境有着重要的意义。

内蒙古辉河国家级自然保护区

保护区始建于 1997 年，2002 年晋升为国家级自然保护区，位于呼伦贝尔市西南部鄂温克族自治旗、新巴尔虎左旗、陈巴尔虎旗行政区域内；地处大兴安岭山地森林向呼伦贝尔草原的过渡带和草甸草原向典型草原的过渡带，集森林、草原、湿地于一体，具有低山丘陵、高平原、沙地、河谷等多种类型组合的地貌。主要保护对象为湿地、草原、森林生态系统及珍稀濒危鸟类。

保护区总面积 346 848 公顷，其中高林温多尔湿地核心区面积 88 917 公顷，高林温多尔湿地缓冲区面积 95 203 公顷，草甸草原核心区面积 4 400 公顷，草甸草原缓冲区面积 11 670 公顷，沙地樟子松疏林核心区面积 12 790 公顷，沙地樟子松疏林缓冲区面积 11 670 公顷，实验区面积 111 757 公顷。

湿地是辉河国家级自然保护区的主体，保护区同时具有河流型、湖泊型、沼泽型 3 种湿地，是呼伦贝尔草原东部最大的一条沼泽、湖泊型带状湿地，是东北亚乃至全球重要的生态屏障，对维护地区生物多样性的稳定具有不可替代的功能和价值。

内蒙古额尔古纳国家级自然保护区

　　保护区建立于 1999 年，2006 年晋升为国家级自然保护区。位于呼伦贝尔市额尔古纳市莫尔道嘎镇境内，地处大兴安岭西北坡，属于大兴安岭山地寒温带湿润林业气候区，并具有大陆性季风气候特征；山地是保护区地貌的主体，沟谷和河谷呈枝状、网状散布其间。保护区主要保护对象为大兴安岭北部山地原始寒温带针叶林森林生态系统及栖息于该生态系统中的珍稀濒危野生动物和植物物种，及保护森林湿地与额尔古纳河源头湿地复合生态系统，属森林生态系统类型的自然保护区。

　　保护区总面积 124 527 公顷，其中核心区面积 74 183 公顷，缓冲区面积 29 774 公顷，实验区面积 20 570 公顷。

　　额尔古纳湿地是中国目前保持原状态最完好、面积较大的湿地，被誉为"亚洲第一湿地"；也是中国目前保存下来的最典型、最完整、面积最大的原始寒温带针叶林分布区之一。

图片来源：内蒙古自治区林业和草原局官网

内蒙古汗马国家级自然保护区

　　保护区 1958 年编制规划，1996 年晋升为国家级自然保护区。位于呼伦贝尔市根河市金河镇境内，地处大兴安岭北段西坡北部，属寒温带大陆性气候，森林垂直分布明显，北方针叶林湿地种类发育齐全，主要保护对象为寒温带明亮针叶林及栖息于保护区中的野生动植物。

　　保护区的总面积 107 348 公顷，其中核心区面积 46 510 公顷，缓冲区面积 37 250 公顷，实验区面积 23 588 公顷。

　　汗马国家级自然保护区湿地类型多样，发育种类齐全，有河流、湖泊、沼泽湿地三大类，包括落叶松沼泽、柴桦沼泽、草本沼泽、泥炭藓沼泽等 4 种湿地类型；保护区是我国保存最为完整、最为原始的寒温带原始明亮针叶林地区，也是最后的"使鹿部落"——鄂温克族敖鲁古雅部落的家园。

内蒙古青山国家级自然保护区

保护区 1997 年建立，2013 年晋升为国家级自然保护区，位于兴安盟科尔沁右翼前旗境内，地处大兴安岭中段东坡，嫩江二级支流归流河的下游，处于大兴安岭–吕梁山–青藏高原东缘典型的温带草原区域中森林与草原分布的分界线上；属于温暖带半干旱区，低山地貌。保护对象为森林草原过渡带上以蒙古栎林、黑桦林为代表的典型温带落叶阔叶林生态系统和草原草甸生态系统及其生物多样性。

保护区总面积 26 989 公顷，其中核心区面积 8 802 公顷，缓冲区面积 6 550 公顷，实验区面积 11 637 公顷。

保护区处于森林草原交错区、温带草原区域中温带亚湿润和亚干旱大区的分界线上，属于典型的生态脆弱区，自然保护区内的生态系统也具有典型性和自然性，物种丰富多样。

图片来源：兴安盟文化旅游体育局官网

内蒙古科尔沁国家级自然保护区

保护区建于 1985 年，1995 年晋升为国家级自然保护区。位于兴安盟科尔沁右翼中旗境内，地貌由波状丘陵、沙丘，以及丘间分布的河漫滩、阶地、低洼盆地冲积平原组成；以科尔沁草原、湿地生态系统及栖息于此的鹤类等珍稀鸟类为主要保护对象的综合性自然保护区。

保护区总面积 119 587 公顷，其中核心区面积 17 807 公顷，缓冲区面积 14 352.9 公顷，实验区面积 87 427.1 公顷。

保护区是内蒙古东部地区重要的候鸟迁徙通道，为候鸟提供安静、舒适的休息环境，被誉为候鸟迁徙的"快乐驿站"。每年春秋两季，有数万只"候鸟大军"在此停歇、觅食，为漫长的迁徙之路积蓄力量。

内蒙古图牧吉国家级自然保护区

保护区建于 1996 年，2002 年晋升为国家级自然保护区。位于兴安盟扎赉特旗，地处松嫩平原西侧，大兴安岭山地与松嫩平原的过渡地带，也是我国湿地草原与干草原的过渡地带；属于温带大陆性季风气候；保护对象为大鸨、丹顶鹤、白鹳等珍稀鸟类及其赖以生存的草原和湿地生态系统，图牧吉保护区是全国唯一以保护大鸨为主的保护区。

保护区总面积 76 000 公顷，其中核心区 23 333 公顷，缓冲区 18 000 公顷，实验区 34 667 公顷。

保护区有广阔草原、大面积的湖泊和沼泽湿地，尚有盐沼和草甸等。多种多样的植物群落，为动物的栖息、繁衍提供了有利的条件，是国内大鸨种群数量最多及分布最为密集区域，是全国重点以保护大鸨为主的保护区，有"中国大鸨之乡""百鸟天堂"的美誉。

内蒙古大青沟国家级自然保护区

保护区始建于 1980 年，于 1988 年晋升为国家级自然保护区。位于通辽市科尔沁左翼后旗境内，地处科尔沁沙地东南缘，属于温带季风草原性气候，高低不平的沙丘草原地貌，主要保护对象为天然珍贵阔叶混交林和科尔沁沙地原生森林生态系统。

保护区总面积 8 183 公顷，其中核心区面积 1 322.4 公顷，缓冲区面积 2 082.2 公顷，实验区面积 4 778.4 公顷。

保护区为科尔沁草原西部沙海里一条长达 24 千米的沙漠大沟。沟里沟外树木葱郁，鲜花盛开；沟底处千万条淙淙泉水汇成一条长长的溪流，清澈透明。沟的两岸树草丛生，常绿树与落叶树并存，乔木与灌木掺杂，鲜花与绿草相间，溪流与明沙相依。

图片来源：内蒙古人民政府官网

内蒙古罕山国家级自然保护区

保护区 1959 年设立林场，2013 年晋升为国家级自然保护区。位于通辽市扎鲁特旗，地处大兴安岭主脉南段，锡林郭勒草原和科尔沁草原之间的大兴安岭隆起带上，属温暖湿润的季风气候。由中山到低山再到丘陵，是典型的山地向平原、森林向草原过渡地带。以森林、草原、湿地生态系统及大鸨、金雕、马鹿、棕熊等珍稀野生动物为主要保护对象。

图片来源：扎鲁特旗政府官网

保护区总面积 89 407.29 公顷，其中核心区面积 53 848.97 公顷，一般控制区面积 35 558.32 公顷。

保护区是蒙古高原与松辽平原水系分水岭，是嫩江和西辽河水源涵养地，也是流经科尔沁草原唯一河流——霍林河发源地。这些河流是流向科尔沁沙地及其下游 3 个国家级湿地自然保护区最重要的补给水源。

内蒙古阿鲁科尔沁国家级自然保护区

保护区 1998 年建立，2005 年晋升为国家级自然保护区。位于赤峰市阿鲁科尔沁旗东部，地处科尔沁沙地北部，大兴安岭南部山地山前台地和山间河谷地带，沙地草原地貌。以保护沙地草原、林地、河流、湖泊、沼泽型湿地等多样的生态系统及珍稀鸟类为主的综合性自然保护区。

保护区总面积达 137 298 公顷，其中核心区面积 48 989.75 公顷，缓冲区面积 42 320.85 公顷，实验区面积 45 483.03 公顷。

保护区由四大景观区域构成，北部为波状起伏的丘陵山地灌丛草原景观，北部及东南部为众多湖泊群，即由河流发育成的湿地景观，保护区境内连绵起伏的沙地草原景观，保护区沙地景观中分布有退化的典型草原景观，在不同的区域中分布草原、湿地、林地的生态系统，草原生态系统分布有疏林灌丛草原、典型草原、羊草草原等。

图片来源：内蒙古自治区林业和草原局

内蒙古高格斯台罕乌拉国家级自然保护区

保护区 1997 年建立，2011 年晋升为国家级自然保护区。位于赤峰市阿鲁科尔沁旗北部，地处大兴安岭南段山地中部，是蒙古高原与东北平原、森林与草原、华北植物区系与东北植物区系过渡的典型地段，属温带半干旱大陆性季风气候，地貌以中山丘陵为主。主要保护对象为：大兴安岭南麓山地典型的过渡带森林－草原生态系统的完整性，西辽河源头的重要湿地生态系统，栖息于该生态系统中的野生马鹿（东北亚种）种群，国家重点保护鸟类大鸨、黑鹳及其他珍稀濒危鸟类的繁殖地。

保护区总面积 10 6284 公顷，其中核心区面积 35 594 公顷。

高格斯台罕乌拉国家级自然保护区，是东北平原和蒙古高原的重要水源涵养地，由森林、草原中发源的泉水，汇成了黑哈尔河、苏吉河等 14 条河流，向东流入松辽平原的西辽河，向西流入内蒙古高原，是沿河流域人畜饮水的重要源泉。

内蒙古乌兰坝国家级自然保护区

保护区 1997 年建立，2014 年晋升为国家级自然保护区。位于赤峰市巴林左旗境内，地处大兴安岭东南山麓，地势自东北至西南方向由高而低，以中低型山地为主，属中温带半湿润寒冷气候。以过渡带森林、草原植被及珍稀野生动物为主要保护对象。

保护区总面积 78 672 公顷，其中核心区面积 28 115 公顷，缓冲区面积 20 794 公顷，实验区面积 29 763 公顷。

乌兰坝，又叫乌兰达坝（或乌兰大坝），海拔 1 951 米。《辽史地理志》记载为赤山。接近顶峰处的南侧有巨大的红色石崖，故称为乌兰达坝。以古勒格勒罕山、平顶山、白音得力格山、白音罕山为主架，构成保护区的绿色天然屏障。

图片来源：内蒙古人民政府官网

内蒙古赛罕乌拉国家级自然保护区

保护区始建于 1997 年，2000 年晋升为国家级自然保护区。位于赤峰市巴林右旗北部，属于大兴安岭南段中部的中低山区，以保护珍稀濒危野生动植物及其赖以生存的森林、草原、湿地、沙地等多样的生态系统为主的综合性自然保护区。保护区总面积 10.04 万公顷。

保护区是中国大兴安岭南部山地景观的缩影，是东亚阔叶林向大兴安岭寒温带针叶林、草原向森林的双重过渡地带，也是华北植物区系向兴安植物区系的过渡带，成为联系各大植物区系的纽带和桥梁。这里还是东北区、华北区、蒙新区动物区系的交会点。

内蒙古白音敖包国家级自然保护区

保护区 1979 年建立，2000 年晋升为国家级自然保护区。位于赤峰市克什克腾旗西北部，属沙丘高地平原地貌，大陆性寒温带半干旱森林草原气候。主要保护对象是世界仅存的珍稀的沙地云杉林生态系统。

保护区总面积 13 862 公顷，其中核心区面积 2 780 公顷，缓冲区面积 3 539 公顷，实验区面积 7 543 公顷，位于我国森林－草原生态交错地带，为生活在沙地、草原边缘地带的野生动物提供了较适应的栖息繁衍场所，同时，也为迁徙性野生动物提供了良好的集散地和歇脚点。

内蒙古达里诺尔国家级自然保护区

保护区 1986 年建立，1997 年晋升为国家级自然保护区，位于赤峰市克什克腾旗西部，地处内蒙古高原，囊括了草原、湖泊、湿地、林地、沙地、山地等多样的生态系统，属中温型大陆性气候，以保护珍稀鸟类及其赖以生存的湖泊、河流、沼泽型湿地、草原、林地、沙地等多样性的生态系统和火山遗迹、历史文化古迹为主的综合性自然保护区。

保护区总面积 119 413.55 公顷，其中核心区有 5 个，面积 1 414 公顷；缓冲区 3 个，面积 6 508 公顷；实验区面积 111 491.55 公顷。

达里诺尔国家级自然保护区是中国北方重要的候鸟迁徙通道，也是候鸟重要的集散地之一。保护区的涉禽、游禽的种类和数量在珍稀鸟类中占绝对优势，每当春秋两季，都会有几千只大天鹅和几百只白枕鹤、灰鹤、蓑羽鹤等在此栖息。

内蒙古黑里河国家级自然保护区

　　保护区 1996 年建立，2003 年晋升为国家级自然保护区。位于赤峰市宁城县西部，地处大兴安岭南端与燕山山脉的交汇处，是东北针阔混交林向华北落叶阔叶林的过渡地带，属温带半干旱大陆性季风气候，以大面积天然油松林为代表的暖温型针阔混交林生态系统及生物多样性资源为主要保护对象。

　　保护区总面积 27 638 公顷，其中核心区面积 10 088 公顷，缓冲区面积 11 248 公顷，实验区面积 6 302 公顷。

　　保护区地处西辽河流域老哈河水系源头，每年向辽河输水量达 1.005 亿立方米，是西辽河沿岸人民生活和社会经济可持续发展的重要的生命源泉。

内蒙古大黑山国家级自然保护区

　　保护区 1996 年建立，2001 年晋升为国家级自然保护区。位于赤峰市敖汉旗，为低山丘陵区，属温带干旱－半干旱大陆性季风气候，以保护草原、森林等多样生态系统及珍稀野生动植物栖息地和水源涵养地为主要保护对象的丘陵山地综合性自然保护区。

　　该保护区是大凌河和西辽河两大水系的分水岭和这两大水系的重要水源涵养地。

　　保护区总面积 57 096 公顷，其中核心区面积 4 238.4 公顷，缓冲区面积 7 763.4 公顷，实验区面积 45 094.2 公顷。

　　保护区是内蒙古高原与松辽平原毗邻的自然环境转换带，是华北夏绿阔叶林向松辽平原草原区的过渡地带，是东北、华北、蒙新三区植物交会处。

图片来源：敖汉旗人民政府官网

内蒙古锡林郭勒草原国家级自然保护区

保护区 1985 年建立，1997 年晋升为国家级自然保护区。位于锡林郭勒盟锡林浩特市境内，地处内蒙古高原东部，温带半干旱大陆性气候。主要保护对象为典型草原、草甸草原和沙地森林等生态系统。

保护区总面积 580 000 公顷，其中核心区面积 58 059 公顷，缓冲区面积 55 464 公顷，实验区面积 466 477 公顷。

保护区是目前中国最大的草原与草甸生态系统类型的自然保护区，是我国境内最有代表性的丛生禾草——根茎禾草（针茅、羊草）温性真草原，也是欧亚大陆草原区亚洲东部草原亚区保存比较完整的原生草原部分，拥有草原生物群落的基本特征，并能全面反映内蒙古高原典型草原生态系统的结构和生态过程。

图片来源：内蒙古自治区林业和草原局官网

内蒙古古日格斯台国家级自然保护区

保护区 1998 年建立，2012 年晋升为国家级自然保护区。位于锡林郭勒盟西乌珠穆沁旗，地处大兴安岭山地，属于温带半干旱大陆性季风气候。主要保护对象是大兴安岭南部山地北麓森林－草原生态系统及其所包容的物种多样性。

保护区总面积 98 931 公顷，其中核心区面积 43 919 公顷，缓冲区面积 15 883 公顷，实验区面积 39 129 公顷。

保护区是大兴安岭南部山地最典型，且最完整的森林和草原生态系统，处于东亚阔叶林与大兴安岭北部寒温带针叶林、草原与森林双重交汇过渡的典型地带，是连接各大植物系统的纽带和桥梁。

内蒙古大青山国家级自然保护区

保护区 2000 年建立，2008 年晋升为国家级自然保护区。位于包头市、呼和浩特市、乌兰察布市卓资县以北的阴山山地，地处中温带，属典型的温带大陆性气候；为断层山地，山地南北的

地貌形态非常不对称，南坡陡峭，以巨大的正断面与黄河平原截然分开，承受东南海洋季风的影响；北坡较平缓，与蒙古高原之间没有明显分界，直接承受和阻挡着西伯利亚寒流和蒙古高原风沙南侵，成为河套平原、华北平原及首都北京的天然屏障。以边缘物种群落为代表的山地森林和濒危珍稀物种等为主要保护对象。

图片来源：内蒙古自治区大青山国家级自然保护区管理局官网

保护区总面积 388 900 公顷，其中核心区面积 109 500 公顷，缓冲区面积 81 000 公顷，实验区面积 198 400 万公顷。

保护区是阴山山脉山地森林、灌丛 – 草原镶嵌景观最完好的部分，是生物多样性最集中的区域，是华北植物区系与蒙古高原植物区系的分界线，是沟通东北、华北、西北动植物区系的过渡带和大型动物活动的通道，是一个难得的野生物种资源基因库，是一处天然的动植物园，是阴山山脉多样的生物资源和景观的缩影。

内蒙古西鄂尔多斯国家级自然保护区

保护区 1995 年建立，1997 年晋升为国家级自然保护区。位于鄂尔多斯市鄂托克旗和乌海市境内，地处亚非荒漠东部边缘，为西鄂尔多斯荒漠化草原和东阿拉善草原化荒漠的过渡地区，属于典型的温带大陆性气候，主要保护对象为四合木、半日花等古老残遗濒危植物和荒漠生态系统，属荒漠生态系统类型自然保护区。

图片来源：鄂尔多斯市林业和草原局官网

保护区总面积 436 116.40 公顷，其中核心区面积 137 128.94 公顷，缓冲区面积 53 784.17 公顷，实验区面积 245 203.29 公顷。

保护区为西鄂尔多斯荒漠化草原和东阿拉善草原化荒漠的过渡地区，是古地中海子遗植物四合木、半日花、绵刺、沙冬青、革包菊、蒙古扁桃、胡杨等集中分布的地方。保护区还保存着极其珍贵的古地理环境，古生物化古十分丰富，山地地层剖面明显，是非常珍贵的天然史书。

内蒙古鄂尔多斯遗鸥国家级自然保护区

保护区 1998 年建立，2001 年晋升为国家级自然保护区。位于鄂尔多斯市中部，地处鄂尔多斯波状高原，由典型草原向荒漠化草原的过渡地带，植被稀疏，多为沙生植物；属于温带大陆性气候。以遗鸥及湿地生态系统为主要保护对象。

保护区总面积 14 770 公顷，其中核心区面积 4 753 公顷，缓冲区面积 1 627 公顷，实验区面积 8 390 公顷。

保护区分布着众多的咸水湖泊湿地，区内鸟类资源丰富，是全世界遗鸥鄂尔多斯种群最集中的分布区和最主要的繁殖地。在遗鸥的 4 个繁殖种群（中亚种群、远东种群、戈壁种群、鄂尔多斯种群）中，鄂尔多斯种群是发现最晚、数量最大的遗鸥种群，它是夏季栖息在鄂尔多斯高原上遗鸥繁殖和非繁殖的个体总和。

图片来源：鄂尔多斯市林业和草原局官网

内蒙古恐龙遗迹化石国家级自然保护区

保护区 1998 年建立，2007 年晋升为国家级自然保护区。位于鄂尔多斯市鄂托克旗，地处鄂尔多斯盆地西部，属荒漠、半荒漠草原。主要保护对象为区内分布广泛的多种类型的恐龙足迹化石，以及恐龙骨骼化石等。

保护区总面积 46 410 公顷，其中核心区面积 2 647 公顷，缓冲区面积 2 273 公顷，实验区面积 41 490 公顷。

保护区是我国唯一一个以恐龙足迹为主的国家级自然保护区，这里的恐龙等足迹化石分布范围大、数量和种类多，赋存层位也多，是世界罕见的恐龙足迹化石富集区。保护区内同时还有许多其他古脊椎动物化石、鱼类化石、龟类和鳄类化石以及无脊椎动物化石、硅化木化石等。保护区内，地质构造活动历史悠久，显露出来的地质遗迹清晰，岩层出露明显，皱、断层保存完好。

内蒙古乌拉特梭梭林——蒙古野驴国家级自然保护区

保护区 1985 年建立，2001 年升级为国家级自然保护区。位于巴彦淖尔市，地处荒漠带的最东端，处于由荒漠向草原化荒漠的过渡地带，属于剥蚀低山丘陵和一些断陷盆地形成的相间分布的平沙地内蚀地貌，主要保护对象为梭梭林和蒙古野驴为代表的珍稀濒危野生动植物种群、原始古老的自然地貌、稀有多样的荒漠物种、极端脆弱的荒漠生态系统，属于"自然生态系统类"的"荒漠生态系统类型"的自然保护区。

保护区总面积 131 800 公顷，其中核心区面积 41 800 公顷，缓冲区面积 37 200 公顷，实验区面积 52 800 公顷。

保护区是中国梭梭林天然分布最东缘，也是中国现存的国家一级保护动物蒙古野驴、北山羊，二级保护动物鹅喉羚、盘羊等分布的最北界和最东界。境内开通了 4 条野生动物迁徙绿色专用通道，用于保护从蒙古国越境的野驴，这是内蒙古 4 200 边境线上首次为野生动物开辟的专用通道，也是全国首个开放式野生动物通道。

内蒙古哈腾套海国家级自然保护区

保护区 1995 年建立，2005 年晋升为国家级自然保护区，位于巴彦淖尔市磴口县，地处乌兰布和沙漠东北缘，属于典型荒漠向草原化荒漠的过渡带；属中温带大陆性季风气候，由山地、沙漠、平原、湿地地貌类型组成。主要保护对象是荒漠植被生态系统和珍稀濒危野生动植物及其生存环境。

保护区总面积 123 600 公顷，其中核心区面积 51 610 公顷，缓冲区面积 32 180 公顷，实验区面积 39 810 公顷。

内蒙古哈腾套海国家级自然保护区地理位置特殊，动植物物种多样，生态系统脆弱，是开展科研、定位监测、普及推广科学技术、增强环境保护意识的良好场所，是天然的教学"大课堂""科研实验场"。尤其对研究荒漠生态系统演变规律、荒漠动植物生存和生长规律具有重要意义。

图片来源：内蒙古自治区林业和草原局官网

内蒙古贺兰山国家级自然保护区

保护区 1992 年建立，同年晋升为国家级自然保护区。位于阿拉善盟阿拉善左旗境内，以水源涵养林、野生动植物为主要保护对象。

保护区总面积 88 500 公顷，其中核心区面积 20 200 公顷，缓冲区面积 10 762.5 公顷，实验区面积 36 747.5 公顷，禁牧区面积 20 790 公顷。

图片来源：内蒙古自治区林业和草原局官网

内蒙古额济纳胡杨林国家级自然保护区

保护区 1992 年建立，2003 年晋升为国家级自然保护区。位于阿拉善盟额济纳旗，主要分为洪积平原及部分风力沉积的半固定沙丘、固定沙丘和戈壁地貌，属野生植物类型自然保护区。主要保护对象是胡杨林植物群落、珍稀濒危动植物物种、荒漠绿洲森林生态系统及其生物多样性。

保护区总面积 26 253 公顷，其中核心区面积 8 774 公顷，缓冲区面积 10 018 公顷，实验区面积 7 461 公顷。

保护区拥有全球面积最大、千年古树最多、景色最壮观的原生态胡杨林海，是中国天然胡杨林的主要分布地之一，既具有生物学上的重要意义，又是荒漠地区的绿色屏障。

图片来源：内蒙古自治区林业和草原局官网

野生动物观测是采用非损伤性的取样方法，确保人身安全下的野外工作，主要对观测区的野生动物种类组成、分布、数量、种群动态等进行观测，评价其生境质量、评估各种威胁因素的影响等，客观反映动物物种资源数量、利用和保护现状。

第一节　内　容

鸟类观测

根据鸟类活动高峰期确定一天中的观测时间。观测时的天气应为晴天或多云天气，雨天或大风天气不能开展观测。一般在早晨日出后 3 小时内和傍晚日落前 3 小时内进行观测，高海拔地区观测时间应根据鸟类活动时间做适当提前或延后。

鸟类观测内容主要包括种群结构（种类、雌雄比、成幼比、物种居留型等）、多样性（种类数量、各物种种群数量等）、生境状况（人为干扰活动类型、人为干扰活动强度等）、迁徙规律（春季迁徙起始时间、秋季迁徙起始时间、迁徙时期种类数量变化、迁徙时期各物种种群数量变化等）。

哺乳动物观测

根据哺乳动物的习性确定观测时间。对于大型哺乳动物主要在地表植被相对稀疏的冬季进行。一般在观测对象一天的活动高峰期进行观测，如猫科动物的观测应在早晨或黄昏进行。对于小范围分布、密度较高的种类，观测时间相对较短，而对于分布密度低的珍稀动物类群观测时间可以增至 2~3 倍。

哺乳动物观测的内容主要包括观测区域中哺乳动物的种类组成、空间分布、种群动态、受威胁程度、生境状况等。

第二节　方　法

 **一、鸟类观测**

1. 样线（带）法

样线（带）法是指观测者按一定路线行走，观测记录路线左右一定范围内出现的物种。路线宽度可确定也可不确定，分为不限宽度、固定宽度和可变宽度3种方法。不限宽度样线法即不考虑鸟类与样线的距离，固定宽度样线法即记录样线两侧固定距离内的鸟类，可变宽度样线法需记录鸟类与样线的垂直距离。样线长度不应小于1千米，观测时行进速度通常为1.5~3千米/小时，不宜使用摩托车等噪声较大交通工具进行调查。可变宽度样线法的记录表参见表1。

2. 样点法

样点法是样线法的一种变形，为观测者行走速度是零的样线法。在一些不便行走的地区，如崎岖山地、湖泊、水库、沼泽、海岸、湿地等，可以在视野开阔的地区选择一个固定点，观察记录一定半径或区域内的鸟类种类和数量等。根据对样点周围观测记录范围的界定，又分为不限半径、固定半径和可变半径3种方法。不限半径样点法即观测时不考虑鸟类与样点的距离，固定半径样点法即记录样点周围固定距离内的鸟类，可变半径样点法需记录鸟类与样点的距离。样点半径设置应能发现观测范围内的野生动物，在森林、灌丛内样点半径不大于25米，开阔地样点半径不大于50米，样点之间的距离一般在0.2千米以上，可变半径样点法的记录表参见表2。

3. 网捕法

网捕法是使用雾网捕捉鸟类，记录观测区域内活动鸟类的种类和数量的方法。对于一些在森林地表茂密灌丛中活动的鸟类，如丽鸫（dōng）科的所有种类，鸫科的地鸫类，莺科的地莺类，画眉科的鹪（jiāo）鹛（méi）等，宜采用本方法。雾网规格为长12米、高2.6米；网眼大小可根据所观测鸟种而定，一般森林鸟类使用的雾网网眼大小为36平方毫米。开、闭网时间为当地每天日出、日落时间，每天开网时间为12小时，设网时间标准为36网时/平方千米。大雾、大风及下雨时段不开网。

每小时查网一次，数量较多时可适当增加查网次数，以保证鸟类个体的安全。每次查网时记录上网鸟类的种类和数量，并进行测量（测量记录表参见表3）后就地释放。

4. 红外相机自动拍摄法

将红外感应自动照相机安置在目标动物经常出没的通道上或其活动痕迹密集处。每一个样点应该至少收集1 000个相机工作小时的数据。在夏季每个样点需至少连续工作30天，以完成一个观测周期的数据采集。

根据设备供电情况，定期巡视样点并更换电池，调试设备，下载数据。记录各样点拍摄起止日期、照片拍摄时间、动物物种与数量、年龄等级、性别、外形特征等信息，建立信息库，归档保存（记录表参见表4）。

5. 分区直数法

根据地貌、地形或生境类型对整个观测区域进行分区，逐一统计各个分区中的鸟类种类和数量，得出观测区域内鸟类总种数和个体数量。对于较小面积的草原或湿地，主要应用于水鸟或其他集群鸟类的观测。首先通过访问调查、历史资料等确定鸟类集群时间、地点、范围等信息，并在地图上标出。在鸟类集群时进行调查，记录鸟类数量。记录集群地的位置、鸟类的种类、数量、影像等信息，见表5。

野生动物观测

表 1　可变宽度样线法鸟类观测记录表

日期		天气		温度		
观测者		记录者		样线编号		
地点				海拔		
起点经纬度	经度		纬度	开始时间		
终点经纬度	经度		纬度	结束时间		
生境类型			样线长度			千米
人为干扰类型			人为干扰强度			
备注						

中文名	学名	与样线垂直距离/米	数量			个体总数	群体编号
			雌性	雄性	幼体		

　　注：（1）生境类型：乔木林、灌木林及采伐迹地、农田、草原、荒漠／戈壁、居住点、内陆水体、沿海、沼泽等；（2）人为干扰类型：开发建设、农牧渔业活动、环境污染、其他；（3）人为干扰强度：强、中、弱、无。

表2 可变半径样点法鸟类观测记录表

日期		天气		温度	
观测者		记录者		样点编号	
地点				海拔	
经纬度坐标	经度		纬度	开始时间	
生境类型				结束时间	
人为干扰类型			人为干扰强度		
备注					

中文名	学名	与样点的距离/米	数量			个体总数	群体编号
			雌性	雄性	幼体		

注：(1) 生境类型：乔木林、灌木林及采伐迹地、农田、草原、荒漠/戈壁、居住点、内陆水体、沿海、沼泽等；(2) 人为干扰类型：开发建设、农牧渔业活动、环境污染、其他；(3) 人为干扰强度：强、中、弱、无。

表 3　鸟体测量基本数据记录表

日期			天气			温度			
地点						生境类型			
经纬度坐标	经度			纬度		采集编号			
采集人			鉴定人			采集方式			

中文名	学名	性别	成/幼	体重/克	全长/厘米	尾长/厘米	翅长/厘米	跗跖长/厘米	喙长/厘米	虹膜颜色	备注

　　注：(1) 全长指自喙尖至尾端的直线距离；(2) 尾长指自尾羽基部至末端的直线距离；(3) 翅长指自翼角（翼的弯折处，相当于腕关节）至翼尖的直线距离；(4) 跗跖长指胫跗骨与跗跖骨之间的关节处（关节后面的中点）至跗跖骨与中趾间的关节处（跗跖骨与中趾关节前面最下方的整个鳞片的下缘）的距离；(5) 喙长通常所测的喙长多系指嘴峰长，是从喙基与羽毛的交界处沿喙正中背方的隆起线，一直量至上喙喙尖的直线距离。

表4　红外相机观测记录表

地点			样点编号		
观测样地			相机编号		
经度		纬度	安放日期	回收日期	
海拔			安放时间	回收时间	
温度		湿度	相机安放人	相机回收人	
天气		相机工作情况：正常、卡满、电池耗尽或其他情况			
相机安放点生境类型			相机安放点坡向		
相机安放点坡度			相机安放点郁闭度		
人为干扰类型			人为干扰强度		
备注					

照片（视频）序号	中文名	学名	数量	拍摄日期	拍摄时间	行为类型	备注

注：(1) 生境类型：乔木林、灌木林及采伐迹地、农田、草原、荒漠／戈壁、居住点、内陆水体、沿海、沼泽等；(2) 坡向：北坡、东北坡、东坡、东南坡、南坡、西南坡、西坡、西北坡、无坡向；(3) 坡度：平坡、缓坡、斜坡、陡坡、急坡、险坡；(4) 人为干扰类型：开发建设、农牧渔业活动、环境污染、其他；(5) 人为干扰强度：强、中、弱、无。

表5 分区直数法鸟类观测记录表

日期		天气		温度	
观测者		记录者		样点编号	
地点				海拔	
经纬度坐标	经度		纬度	开始时间	
生境类型				结束时间	
人为干扰类型		人为干扰强度			
潮汐状况				备注	
总种数				个体总数	

中文名	学名	数量 成体	数量 幼体	中文名	学名	数量 成体	数量 幼体

注：(1) 生境类型：乔木林、灌木林及采伐迹地、农田、草原、荒漠／戈壁、居住点、内陆水体、沿海、沼泽等；(2) 人为干扰类型：开发建设、农牧渔业活动、环境污染、其他；(3) 人为干扰强度：强、中、弱、无。

二、哺乳动物观测

1. 样线（带）法

按一定的路线，沿途观察动物活动或存留足迹、粪便、爪印等，准确记录出现的动物种类和数量。东北地区、华北地区、青藏高原、内蒙古草原对草食动物的调查可使用样线法。路线宽度可确定也可不确定，分为可变距离样线法（截线法）、固定宽度样线法。

可变距离样线法（截线法）每条样线长度可在 1~5 千米，在草原、荒漠等开阔地观测大中型哺乳动物时，样线长度可在 5 千米以上。观测速度一般为 2~3 千米/小时，在草原、荒漠等开阔地，观测者可乘坐越野吉普车，速度 10~30 千米/小时，也可以骑马前进，速度为 6 千米/小时。可变距离样线法记录表参见表 6。

固定宽度样线法与可变距离样线法的区别在于前者宽度固定，观测时只记录样线一定宽度内的个体数，不需测量哺乳动物与样线的距离，但必须通过预调查确定合适的样线宽度，保证样线内的所有个体都被发现。固定宽度样线法可用于麃、鹿等偶蹄类动物以及猫科动物的观测。在森林中样线宽度一般为5~50 米，在草原和荒漠中样线宽度为 500~1 000 米。

样点法是一种特殊的样线法（调查者行走速度为零的样线法）。即在兽类经常出没的地方选择一固定点，进行观察记录。

2. 样方法

指在样地上设立一定数量的样方，对样方中的物种进行全面调查研究的方法。适用于森林、草地和荒漠哺乳动物种群密度的调查。样方面积一般在 500 米 ×500 米，小型陆生哺乳动物观测可以设置 100米 ×100 米样方，随机抽取一定数量样方并统计其中观测对象的数量。样方之间应间隔 0.5 千米以上。

3. 总体计数法

观测者通过肉眼或望远镜等观测设备对整个地区出现的大、中型哺乳动物个体进行完全计数的方法，包括直接计数法和航空调查法等。

直接计数法。将观测区域划分为多个子区域，通过肉眼或望远镜直接观测，分别统计各子区域内哺乳动物个体数量，将各子区域哺乳动物个体数量相加得到整个区域哺乳动物的个体数量。该方法适用于草原、荒漠、雪原以及疏林地带的大中型有蹄类，或有相对固定活动时间和活动生境的林栖有蹄类，如岩羊、梅花鹿、驯鹿等。

航空调查法。利用飞机等航空设备进行总体计数的方法，适合于草原、疏林或灌木林中大型哺乳动物观测。

4. 标记重捕法

观测者在一个边界明确的区域内，捕捉一定数量的动物个体进行标记，标记完后及时放回，经过一个适当时期（标记个体与未标记个体充分混合分布）后，再进行重捕并计算其种群数量的方法。适用于研究小型陆生哺乳动物种群动态。

标记重捕法的标记物和标记方法应不对动物身体产生伤害，标记不可过分醒目，标记应持久，足以维持整个观测时段（记录表参见表 7）。

5. 红外相机自动拍摄法

将红外感应自动照相机安置在目标动物经常出没的通道上或其活动痕迹密集处，观测其分布和活动节律。样点之间间距 0.5 千米以上，每一个样点应该至少收集 1 000 个相机工作小时的数据。在夏季每个样点需至少连续工作 30 天，以完成一个观测周期。根据设备供电情况，定期巡视样点并更换电池，调试设备，下载数据；记录表参见表 8。

6. 卫星定位追踪法

在哺乳动物身上安装卫星定位追踪器，通过接收由卫星发射器发射的卫星信号得出跟踪对象数据。卫星定位追踪技术适用于较大尺度范围的观测，但运行费用较高。

7. 间接调查法

通过对一些间接指标进行统计，估算物种丰富度及种群动态的方法。如痕迹计数法和粪堆计数法。

痕迹计数法指观测者针对一些不容易捕捉或者观测的哺乳动物，借助其遗留下的且易于鉴定的活动痕迹推测哺乳动物种类，估算其种群数量的一种方法，适用于研究林间活动、隐蔽或夜间活动的哺乳动物。粪堆计数法指观测者通过计数一定范围内大、中型哺乳动物遗留的粪堆数对其种群数量进行估测的一种方法。

表 6　可变距离样线法哺乳动物观测记录表

观测地点：		样线编号：		样线长度：		观测日期：
观测时间：		观测者：		记录者：		天气状况：
起点经纬度：		终点经纬度：		起点海拔：		终点海拔：
起点植被类型：		终点植被类型：		备注：		
人为干扰类型：				人为干扰强度：		
温度：		湿度：		风速：		
序号	中文名		学名	数量	与样线垂直距离/米	行为类型	生境类型

注：（1）生境类型：乔木林、灌木林及采伐迹地、农田、草原、荒漠/戈壁、居住点、内陆水体、沿海、沼泽等；（2）人为干扰类型：开发建设、农牧渔业活动、环境污染、其他；（3）人为干扰强度：强、中、弱、无；（4）行为类型：行走/飞/跑、觅食/采食、警戒、配对、打斗、集群、卧息/休息。

表7 标记重捕法哺乳动物观测记录表

观测区域：		观测样地：		样方编号：			天气状况：			
经纬度：		海拔：		观测起止时间：			观测日期：			
生境类型：			人为干扰类型：				人为干扰强度：			
温度：		湿度：		观测者：			记录者：			
风力：平静/微风/中强			备注							

序号	中文名	学名	性别	标记号	生境	备注	重捕			
							重捕时间	标记号	生境	备注

注：（1）生境类型：乔木林、灌木林及采伐迹地、农田、草原、荒漠/戈壁、居住点、内陆水体、沿海、沼泽等；（2）人为干扰类型：开发建设、农牧渔业活动、环境污染、其他；（3）人为干扰强度：强、中、弱、无。

表 8　红外相机观测记录表

地点			样点编号	
观测样地			相机编号	

经度		纬度		安放日期		回收日期	
海拔				安放时间		回收时间	
温度		湿度		相机安放人		相机回收人	
天气		相机工作情况：正常、卡满、电池耗尽或其他情况					

相机安放点生境类型		相机安放点坡向	
相机安放点坡度		相机安放点郁闭度	
人为干扰类型		人为干扰强度	
备注			

照片（视频）序号	中文名	学名	数量	拍摄日期及时间	行为类型	备注

注：（1）生境类型：乔木林、灌木林及采伐迹地、农田、草原、荒漠／戈壁、居住点、内陆水体、沿海、沼泽等；（2）坡向：北坡、东北坡、东坡、东南坡、南坡、西南坡、西坡、西北坡、无坡向；（3）坡度：平坡、缓坡、斜坡、陡坡、急坡、险坡；（4）人为干扰类型：开发建设、农牧渔业活动、环境污染、其他；（5）人为干扰强度：强、中、弱、无。

参考资料：《生物多样性观测技术导则　陆生哺乳动物（HJ 710.3—2014）》《生物多样性观测技术导则　鸟类（HJ 710.4—2014）》《全国动物物种资源调查技术规定（试行）》。

第三节 工 具

望远镜

望远镜分为双筒和单筒两种类型，双筒望远镜一般放大倍数小，但是视场较大，双手持握，较稳定，且携带方便。单筒望远镜放大倍数大，但观看范围较小，锁定目标较困难；笨重不方便携带，且需要三脚架固定。

双筒望远镜适用于旅游徒步、树林等近距离观测。单筒望远镜适用于开阔的水域等远距离观测停留时间较长的动物。

望远镜的参数有放大倍数和口径（通光孔径），如"8×42"，前面的数代表的是放大倍数，指望远镜观测比肉眼观测放大的倍数；放大倍数越大，视野宽度越小。后面的数代表的是口径，指物镜的直径，与体积、重量和放大倍数相关，越大成像越清晰，体积和重量也越大；太小则有效倍数低。

红外相机

利用红外线进行拍摄，通过捕捉物体发出或反射红外能量产生的热辐射，转化为可见的图像。不受可见光影响，且分辨率较高。为非损伤性的野生动物观测。

红外相机分为主动式和被动式，主动式为移动物体触发相机拍摄，被动式为温差触发相机拍摄。主动式适用于出现频次高的动物观测，被动式多用于出现频次较低的动物观测。

安全常识

用品与装备

在野外活动时，专业齐全的用品和装备是顺利进行活动的前提。

首先穿着，衣服要结实耐磨、防寒保暖，避免鲜艳的颜色，以免惊扰动物。

其次装备，除了望远镜之外，相机、三脚架、电池、指南针、手电、温度计、尺子、GPS、记录表等，也可根据目的地的实际情况准备。

当然，活动中需要的记录工具，如记号笔、尺子、铅笔、小刀等也必不可少。除此之外还应准备必要的医药用品，如感冒药、腹泻药、消毒水、纱布、绷带、跌打喷雾、防虫喷雾等。

如果目的地较远，且活动时间较长，需要野外留宿，那么帐篷、睡袋、炊具、尼龙绳等也应考虑是否携带。

最重要的是，要准备适合自己并且方便携带的专业书籍。

注意事项

1. 提前了解目的地的地理和天气情况，以便做好准备。
2. 避免单独行动，结伴而行，减少风险。
3. 把握体力和节奏，如感不适或体力不支，不能勉强继续活动，量力而行。
4. 如路遇危险或发生意外，应相互协助，提高注意力，避免事故发生，及时寻求救助和支援。
5. 注意食物和饮水安全和卫生，避免野外取食和取水。
6. 团队活动时，要相互协作、配合，需要互相理解和忍让，克制不良嗜好。
7. 不惊扰、不干扰野生动物，不破坏野生动物的栖息地。
8. 做好防护措施，避免昆虫、动物等咬伤。

安全急救常识

止血与包扎

首先分清静脉出血和动脉出血，静脉出血是暗红色的，动脉出血是鲜红色的且呈喷射状搏动性涌出。

静脉出血：采用局部按压止血法，清洗伤口，用干净的纱布、手帕等直接盖住伤口，用手压住，如有止血药物，撒到伤口处止血更快。

动脉出血：在伤口靠近心脏的一侧用止血带（止血带可用手帕、毛巾、领带、围巾等代替）平整地缠绕肢体上拉紧或用"木棒、筷子、笔杆"等拧紧固定；保持伤肢高于心脏的水平线，每隔 1 小时松开几分钟，以免肢体坏死。

对内出血或疑似内出血人员，要使其保持安静不动，不可使其进食，迅速使其入院救治。

骨折救护

骨折分为闭合性骨折（没有伤口）、开放性骨折（有伤口、有肌肉断裂甚至断骨暴露于伤口外）。

闭合性骨折，用木板、竹条等充当夹板让骨折处保持稳定。将毛巾、软布垫在伤体和夹板之间，用绷带或布条把伤肢绑上（不要绑扎在骨折处）；先固定骨折的近端，后固定骨折的远端。

开放性骨折，先止血包扎，再进行固定。若出血量大，须在上臂或大腿上方用带子扎紧，每20 分钟解开带子放松 2 分钟，直至血止住。

如骨折非四肢部位，须用手掌压住血管的上部靠近心脏的部位，阻止血液来源，直至血止住。如骨折端外露，可用纱布、毛巾、手帕等干净物品覆盖后再予以固定。如为脊椎骨折切勿搬动伤员，应就地固定。如为颈椎骨折可用衣服绕在颈部，帮助支持颈部的受力，防止头部摆动。

人工呼吸

当有人员不能进行自主呼吸时，需进行人工呼吸救治。抢救者处于伤员一侧，一手托起伤员下颌，另一手捏住伤员鼻孔，尽量使其头后仰，确保呼吸道畅通；然后深吸气，紧贴伤员的口，用力将气吹入伤员肺内，直至胸部明显扩张、鼓起来后，停止吹气，让其胸部自然缩回。如伤员嘴张不开，可以堵住其嘴，改用对鼻子吹气。

当伤员恢复了微弱的自主呼吸后，抢救者仍然要按伤员的呼吸节律继续吹气，或隔一两次进行一次人工呼吸予以辅助，直至医护人员赶到或伤员呼吸完全恢复正常。

胸外心脏按压

从体外压迫停跳的心脏，激发心脏恢复跳动。首先将伤员放在平整地面、硬木板或硬板床上，使其仰卧。抢救者站在患者的一侧，两手掌重叠放在其胸骨正中 1/3 处，保持肘臂垂直向脊柱方向进行有节奏、带冲击性的挤压。用力不宜过大，以每次挤压使胸骨下陷 3～5 厘米为度，压后立即放松，如此反复进行，注意手掌始终不要脱离胸骨。按压的频率是成人 70 次／分钟，儿童 90 次／分钟。

溺水急救

发现有人溺水，应先脱去鞋袜及厚重的衣服后再下水救人，从后面或侧面勾住溺水者的腋窝或下巴，使其面部朝上高出水面，将其拖带上岸。

溺水者被救上岸后，先将溺水者衣领打开，迅速清除口、鼻内异物，保持呼吸通畅；抢救者以半跪的姿势，将溺水者的腹部放在膝盖上，头朝下拍打背部，倒出呼吸道及肺部积水。如发现溺水者已没有呼吸，要立即施行人工呼吸，如果没有脉搏，须立即同时进行胸外心脏按压。

蛇虫叮咬处理

如被毒蛇咬伤，首先伤员静躺，减缓毒液的扩散，同时迅速把伤口上方部位扎紧；用清水清洗伤口，并用工具或嘴将毒血吸出（边吸边吐，并不断漱口）；直到吸出鲜血为止（口腔内有损伤的不可吸）；用肥皂水清洗伤口，并尽快送往医院。

如被蜂蜇伤，先剔除毒刺，在伤口涂些氨水、小苏打水或肥皂水来中和毒素即可（如被黄蜂蜇伤，需用碘酒、酒精来消毒伤口）。

如被蜈蚣咬伤，立即用肥皂水清洗伤口，冷湿敷伤口，或捣烂鱼腥草、蒲公英外敷，有全身症状者，要尽快送到医院治疗。

蜱虫防治

蜱虫可传播多种人畜共患疾病，蜱虫叮咬人后可引起过敏、溃疡或发炎等症状，一般均较轻微，大部分情况下被蜱虫叮咬并不会产生什么严重的后果，被携带病原体的蜱虫叮咬后，可能导致人体疾病，如莱姆病、斑疹热、Q热、森林脑炎、出血热、巴贝斯虫病、泰勒虫病、落基山斑疹热等81种病毒性、31种细菌性和32种原虫性疾病。

进入森林、山地等有蜱虫地区活动应加强个人防护，穿着长袜、长靴、防护帽，外露部位涂抹含避蚊胺驱避剂或花露水，离开时相互检查衣物有无蜱虫附着。

如发现被蜱虫叮咬，又无法立即就医，先找一把尖头镊子，尽可能靠近皮肤夹住它的口器，然后将它拔出来，不要左右摇动，以免口器断裂。拔出蜱虫后，用酒精或者肥皂水清洗伤口和手对伤口进行消毒处理，如口器断入皮内应行手术取出。如果担心感染（发烧、莫名的疲劳或关节疼痛）或出现皮疹，请速速就医。

鼠疫防治

鼠疫又称黑死病，是由鼠疫耶尔森菌引起的烈性传染病，是一种动物源性细菌，通常可在小哺乳动物及其跳蚤上发现。中国包括旱獭、黄鼠、沙鼠、田鼠、家鼠五大类型鼠疫疫源地。鼠疫分为腺鼠疫、肺鼠疫、败血症型鼠疫3种，可以经跳蚤叮咬、直接接触和呼吸道飞沫传播。

典型症状有突然发烧、寒战、头痛和身体疼痛、虚弱、恶心和呕吐。各型鼠疫患者如果不及时治疗均会引起死亡。

野外活动时要穿长裤、长袖上衣，必要时穿高筒靴子或防蚤袜子。户外避免与啮齿动物接触，避免与死亡动物、感染动物的组织或物质接触；不要在鼠类（包括旱獭）、野兔等动物洞穴周围进行休憩，更不要挖刨动物洞穴。

应避免前往拥挤的地区，避免与肺鼠疫患者紧密接触。使用驱虫产品或采取防蚊措施可以防止跳蚤和其他吸血昆虫叮咬。出现突发发热、寒战、淋巴结疼痛、发炎或呼吸急促、咳嗽或血痰时，应立即就诊，并向医生告知旅行史。

认识鸟类

第一节　认识鸟类

　　鸟类是有羽毛、能飞行的恒温动物，全球鸟类10 000种左右，它们形态各异，食性复杂，生活习性多样，各生态环境广泛栖息。

　　在大自然中，鸟类既是歌唱家，也是舞蹈家，既是艺术，也是科学，不但带来动听婉转的音乐，也带来丰富多样的表演；不仅赏心悦目，更能推动科技发展和生态平衡。

　　根据鸟类的生态习性及形态特点，中国鸟类分为鸣禽、游禽、猛禽、涉禽、攀禽和陆禽6个生态类群。

　　鸣禽：善于鸣叫，喉下有鸣管；体型小，善筑巢，如百灵鸟、大山雀、喜鹊。

气管
鸣肌
半月膜
外鸣膜
内鸣膜
支气管

游禽：生活在水中，善于游泳和潜水，不善于陆地行走；羽毛致密，嘴扁平或尖，脚有蹼，以鱼虾等水生生物为食，如鸿雁、鹧鹨、鹊鸭。

猛禽：凶猛，善飞行，嘴钩状，爪锐利，以尸肉或腐肉为食，如红隼、小鸮、大鵟。

涉禽：善于飞行，不善游泳，颈长、嘴长、腿和脚长，适于涉水行走和取食，如林鹬、蓑羽鹤、大白鹭。

攀禽：善于攀援，嘴尖利，脚强健，以有害昆虫为食，如啄木鸟、戴胜、大杜鹃等。

陆禽：善于奔走，后肢强健，嘴坚硬，适于啄食，翅膀退化，雄性色艳，雌性暗淡，如山斑鸠、环颈雉、蓝马鸡。

第二节　鸟类生物学基础

　　鸟的身体呈梭形（分为头、颈、躯干和尾四部分），可减小飞行阻力；前肢特化成翼，适于扇动空气，表皮覆盖羽毛，用以飞行和保温；骨骼完全骨化有气窝，轻盈、纤细、坚固，胸骨高度发达为龙骨或变小为没有龙骨，减轻了体重，又为肌肉提供附着点；肺部与气囊相通，可进行双重呼吸；食量大，直肠短，体温高且恒定，为飞翔提供能量。

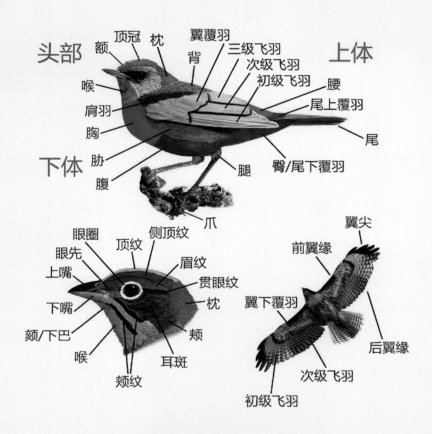

　　羽毛种类：鸟类的羽毛根据结构和功能的差异，分为正羽〔翮（hé）羽，飞行作用〕、绒羽（保温作用）、纤羽（感觉、护体作用）。

　　鸟类的羽毛根据分布身体上的位置和结构的差异，可分为翼羽（翅膀上的羽毛）、尾羽（上下覆羽的尾巴羽毛）、体羽（躯干上的羽毛）。

　　呼吸系统：鸟类呼吸系统特化，由肺部的气管网和气囊组成，气囊与气管相通，气囊分布在各组织器官间；当飞行翅膀扬起时，气囊扩张，翅膀扇下时，气囊收缩，将储存的空气压入肺部。双重呼吸满足了鸟类飞行时高氧、高能量消耗的需求。

　　消化系统：鸟类虽然口内没有牙齿，但它的胃分为腺胃（前胃）和肌胃（砂囊）两个部分，腺胃分泌消化液消化食物，肌胃内有鸟吞咽的砂粒石子，可研磨食物。直肠短粗，不会贮存粪便，因此鸟类排

泄频繁。

循环系统：鸟类心脏分为完全的四腔，富氧血与缺氧血完全分开，完善的双循环系统；心跳频率比哺乳类动物快，血液流通快；血液中的红细胞含量较哺乳类动物少，具有大量具核红细胞，输送氧和二氧化碳。

鸟卵：鸟类为卵生动物，鸟卵是成熟雄鸟和雌鸟发情配对交尾后产出，受精卵在母体外适宜的温度和湿度下，经过一定时间后独立发育成为新个体。不同种鸟类的卵颜色、形状和大小不同，是分辨鸟种的因素。

鸟类为体内受精，雄鸟的精子进入雌鸟体内，与成熟的卵细胞结合，产生受精卵。雌鸟的卵巢内有处于不同发育程度的卵泡，当卵泡发育成熟后，卵泡壁破裂，成熟的卵（卵黄）就会落入腹腔，缓慢地向下滚动，逐渐被输卵管壁分泌的蛋白、壳膜和钙质的蛋壳包裹，最后排出体外。

鸟卵一般分为卵壳、卵壳膜、气室、卵白、系带、卵黄膜、卵黄和胚盘。其中，卵黄、卵黄膜和胚盘是卵细胞，卵黄是供胚胎发育的主要营养物质。卵壳坚硬，保护卵细胞免受伤害，并减少水分蒸发；蛋壳表面有透气孔，可进行气体交换。卵白为胚胎发育提供营养物质和水分，也起到保护卵细胞的作用。气室内的空气可与细胞进行气体交换。系带起到减少震动、固定卵黄的作用。

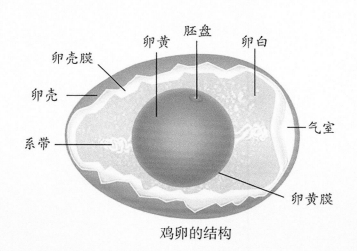

鸡卵的结构

第三节 鸟类的迁徙

生物周期性地更换栖息地的行为称为迁徙，鸟类多沿着相对固定的路线迁徙，通常在春季和秋季进行，春季迁徙来繁殖地，速度较快；秋季迁徙到越冬地，速度较慢。

鸟类迁徙习性不同，鸟类的居留类型可分为留鸟、旅鸟、夏候鸟、冬候鸟等。鸟类的居留类型不是绝对不变的，决定因素有地理位置、气候、食物、生境等。

全球有 9 条候鸟迁徙路线，西太平洋迁徙线、黑海/地中海迁徙线、西亚–东非迁徙线、中亚迁徙线、东亚–西澳大利亚迁徙线、太平洋美洲迁徙线、密西西比美洲迁徙线、大西洋美洲迁徙线、东大西洋迁徙线；其中有 4 条经过中国境内，为西太平洋迁徙线、东亚–西澳大利亚迁徙线、中亚迁徙线和西亚–东非迁徙线。

中国候鸟迁徙路线有 3 条，西部迁徙路线、中部迁徙路线和东部迁徙路线，全部经过内蒙古。每年春秋季，都有上百万只野生鸟类飞临内蒙古上空，它们或在此休憩，或在此繁衍。内蒙古著名的候鸟迁徙的重要驿站和集结地有："中国鸿雁之乡"呼伦贝尔市、"中国大鸨之乡"兴安盟扎赉特旗、"中国天鹅之乡"赤峰市、"中国疣鼻天鹅之乡"巴彦淖尔市乌梁素海、国家级遗鸥自然保护区鄂尔多斯市等。

图片来源：内蒙古自治区人民政府官网

常见鸟类

第一节　留　鸟

　　留鸟，通常终生在其出生地（或繁殖区）生活，常年不迁徙。飞行能力比较弱的鸟类大多是留鸟，内蒙古地区典型留鸟有麻雀、喜鹊、乌鸦、百灵、环颈雉、大鸨等，这些都是耐寒种类，部分留鸟不具备长途飞行能力。当冬季繁殖区气温下降，气候变得干燥、寒冷，冰雪覆盖地面，日照逐渐减少，食物也逐渐短缺。这时，留鸟会换上厚厚的羽毛来保持体温，或选择群居来互相取暖。在寒冬来临之前它们还会提前储备食物，以保证冬季生存。

麻雀

（拉丁学名：*Passer montanus*）

分类： 雀形目　雀科　麻雀属

俗名： 家雀、老家贼、宾雀、禾雀、霍雀、麻古、瓦雀

IUCN 红色名录等级： LC；**中国物种红色名录：** NT

形态特征：

　　雄鸟： 背栗红色具黑色纵纹，两侧具皮黄色纵纹；眼后具一栗色带至后颈，颏、喉和上胸黑色，脸颊白色，其余下体白色，翅上具白色带斑。

　　雌鸟： 雌鸟色淡，背土黄色具黑褐色纵纹，具浅色眉纹。

　　幼鸟： 似雌鸟，颏、喉、上胸中央可见浅的暗褐色斑点。

　　虹膜： 褐色。**嘴：** 雄鸟黑色、雌鸟褐色，嘴端深色。**脚：** 粉褐色。

　　栖息于山地、平原、丘陵、草原、沼泽、农田、城镇和乡村。杂食性鸟类，主要以植物性食物和昆虫为食。

凤头百灵

（拉丁学名：*Galerida cristata*）

分类： 雀形目 百灵科 凤头百灵属

俗名： 凤头阿鹨儿、大阿勒

IUCN 红色名录等级： LC；**中国物种红色名录：** LC

形态特征： 小型鸣禽。头顶具羽冠，常竖立成独角状。上体沙褐色，具黑褐色纵纹，眼先褐黑色，眉纹、眼下方及耳羽棕白色。下体浅皮黄色，胸部密布近黑色纵纹，尾覆羽皮黄色。幼鸟上体密布点斑。

　　虹膜： 深褐色。**嘴：** 黄粉色，嘴端深色。**脚：** 偏粉色。

　　栖息于干燥平原、旷野、半荒漠、沙漠边缘、草地、低山平地、荒地、河边、沙滩、草丛、坟地、荒山坡、农田和弃耕地。杂食性鸟类，主要以草籽、嫩芽、浆果、昆虫等为食。

短趾百灵

（拉丁学名：*Calandrella cheleensis*）

分类： 雀形目 百灵科 短趾百灵属

俗名： 小云雀、沙鹨

IUCN 红色名录等级： LC；**中国物种红色名录：** LC

形态特征： 鸣禽。上体浅棕色，具黑褐色纵纹；眉纹、眼周棕白色；颊部棕栗色；颏喉部灰白色；尾上覆羽褐色，外侧尾羽白色；飞羽淡黑褐色，羽缘棕白色。前胸灰白色，具褐色纵纹；腹部和尾下覆羽白色；腹侧和两胁具褐色纵纹和棕色羽缘。

　　虹膜： 深褐色。**嘴：** 角质灰色。**脚：** 肉棕色。

　　栖息于沙质环境的草原和半荒漠。以杂草种子、嫩芽和昆虫为食。

大山雀

（拉丁学名：*Parus major*）

分类： 雀形目 山雀科 山雀属

俗名： 白脸山雀、白面公、白面只

IUCN 红色名录等级： LC；中国物种红色名录：LC

形态特征：

　　成鸟： 头部黑色，两颊各有一个椭圆形白斑，上体为
　　　　　　蓝灰色，背沾绿色。下体白色，胸、腹有一条宽阔
　　　　　　的中央纵纹与颏、喉部黑色相连，翼上有一道白色条纹。

　　幼鸟： 黑色部分较浅呈黑褐色，无金属反光。

　　　虹膜： 暗棕色。**嘴：** 黑色。**脚：** 深灰色。

　　　栖息于开阔的落叶林地、河流森林、灌木丛和花园。杂食性鸟类，以昆虫和植物种子为食。

金翅雀

（拉丁学名：*Chloris sinica*）

分类： 雀形目 燕雀科 金翅雀属

俗名： 绿雀、黄弹鸟、谷雀、黄楠鸟、芦花黄雀

IUCN 红色名录等级： LC；中国物种红色名录：LC

形态特征：

　　雄鸟： 眼先、眼周灰黑色，顶冠及颈背灰色，背褐色
　　　　　　具暗色羽干纹，飞羽黑褐色，基部有宽阔的黄色翼斑。
　　　　　　腰金黄色，外侧尾羽基部及臀部鲜黄色。

　　雌鸟： 颜色较暗。

　　幼鸟： 颜色淡多纵纹。

　　　虹膜： 深褐色。**嘴：** 肉色。**脚：** 粉褐色。

　　　栖息于低山、丘陵、山脚、平原、公园、果园、苗圃、农田和村寨附近的稀疏森林和树丛中。
以杂草籽实、树木种子、昆虫、蜘蛛等为食。

喜鹊

（拉丁学名：*Pica pica*）

分类： 雀形目　鸦科　鹊属

俗名： 飞驳鸟、干鹊、客鹊、鹊鸟、神女

IUCN 红色名录等级： LC；**中国物种红色名录：** NT

形态特征： 头、颈、背至尾均为黑色，尾长，两翼及尾部具蓝绿色金属光泽，肩羽白色，上腹和两胁白色。

　　虹膜： 褐色。**嘴：** 黑色。**脚：** 黑色。

　　栖息于山区、平原、丘陵、草原、河流湖泊岸边、农田、村庄、城市公园等。杂食性鸟类，以昆虫、鸟卵、雏鸟、幼鼠、植物的果实和种子为食。

秃鼻乌鸦

（拉丁学名：*Corvus frugilegus*）

分类： 雀形目　鸦科　鸦属

俗名： 风鸦、老鸹（guā）、山老公

IUCN 红色名录等级： LC；**中国物种红色名录：** LC

形态特征：

　　成鸟： 除了嘴基部外通体漆黑，带蓝紫色金属光泽，嘴基部裸露皮肤浅灰白色。

　　幼鸟： 脸全部被羽。

　　虹膜： 深褐色。**嘴：** 黑色。**脚：** 黑色。

　　栖息于低山、丘陵和平原地区，尤以农田、河流和村庄附近较常见。杂食性鸟类，以垃圾、腐尸、昆虫、植物种子甚至两栖动物为食。

达乌里寒鸦

（拉丁学名：*Corvus dauuricus*）

分类： 雀形目 鸦科 鸦属

俗名： 白脖寒鸦、白腹寒鸦

IUCN 红色名录等级： LC；**中国物种红色名录：** LC

形态特征：

　成鸟： 后颈有白色颈圈向两侧延伸至胸和腹部，其他
　　　　部位为黑色。耳羽黑色杂有灰白色羽毛，以眼为中
　　　　心呈放射状分布。

　幼鸟： 色彩反差小，后颈、颈侧黑褐色。

　　虹膜： 深褐色。**嘴：** 黑色。**脚：** 黑色。

　　栖息于林缘、草坡和亚高山灌丛与草甸草原等开阔地带。杂食性鸟类，以昆虫、鸟卵、雏鸟、腐肉、动物尸体、植物果实和草籽等为食物。

红隼（sǔn）

（拉丁学名：*FaLCo tinnunculus*）

分类： 隼形目 隼科 隼属

俗名： 茶隼、红鹞子、红鹰、黄鹰

IUCN 红色名录等级： LC；**中国物种红色名录：** LC

国家保护等级： Ⅱ

形态特征： 小型猛禽。

　雄鸟： 头部蓝灰色，上体砖红色，具有三角形黑斑，下体
　　　　黄色具黑褐色纵纹和斑点；尾部蓝灰色无横斑，眼下有一条
　　　　垂直向下的黑色口角髭（zī）纹。

　雌鸟： 上体棕红色，具黑褐色纵纹和横斑，下体乳黄色，除喉部外均被黑褐色纵纹和斑点，
　　　　具黑色眼下纵纹。亚成鸟似雌鸟，但纵纹较重。

　　虹膜： 褐色。**嘴：** 蓝灰色，先端黑色，基部黄色，蜡膜黄色。**脚：** 黄色。**爪：** 黑色。

　　栖息于山地森林、森林苔原、低山丘陵、草原、旷野、森林平原、农田耕地、村屯附近和城市等各类生境中。以鼠类、昆虫、小型两栖爬行类和小型鸟类为食。

大鵟（kuáng）

（拉丁学名：*Buteo hemilasius*）

分类： 鹰形目 鹰科 鵟属

俗名： 白鹭豹、豪豹、花豹

IUCN 红色名录等级： LC；**中国物种红色名录：** LC

国家保护等级： II

形态特征： 大型猛禽，有淡色型、暗色型和中间型。淡色型：头顶和后颈为白色，具褐色纵纹，上体灰褐色，下体棕白色，尾羽浅褐色具横斑。暗色型：全身以暗褐色为主，尾羽灰褐色具横斑和端斑。中间型：体羽以暗棕褐色为主。飞羽下方有白色斑块。

虹膜： 黄褐色或酒黄色。**嘴：** 黑褐色，蜡膜黄绿色。**脚：** 黄色或暗黄色。**爪：** 黑色。

栖息于山地、山脚平原和草原等地区，有时也出现在高山林缘及开阔的山地草原、沙丘与荒漠地带。以啮齿动物、蛙类、蛇类、蜥蜴、雉鸡等为食，有时也捕食昆虫。

环颈雉（zhì）

（拉丁学名：*Phasianus colchicus*）

分类： 鸡形目 雉科 雉属

俗名： 雉鸡、野鸡、山鸡、项圈野鸡、七彩山鸡

IUCN 红色名录等级： LC；**中国物种红色名录：** LC

形态特征： 走禽，体形较家鸡略小，尾巴长。

雄鸟： 羽色华丽，多具金属反光，有耳羽簇，颈部都有白色颈圈，眼周裸皮鲜红色。下背和腰的羽毛边缘披散如发状；翅稍短圆；尾羽约 18 枚，长且有横斑。具短而锐利的距，为攻击武器。

雌鸟： 多为褐色和棕黄色，夹杂有黑斑；尾羽较短。

虹膜： 红栗色或淡红褐色。**嘴：** 绿黄色至暗灰褐色。**脚：** 灰色。

栖息于中、低山丘陵的灌丛或草丛，以及农耕地中。杂食性鸟类，主要采食谷类、浆果等植物性食物及昆虫。

松鸡

（拉丁学名：*Tetrao urogallus*）

分类： 鸡形目 雉科 松鸡属

俗名： 西方松鸡

IUCN 红色名录等级： LC；**中国物种红色名录：** NA

国家保护等级： Ⅱ

形态特征： 走禽，喉部羽毛受惊时可竖起成胡须状。

雄鸟： 灰黑色，尾钝圆，能竖起成扇形。上体灰紫色，胸部灰绿色，下体白色，中央尾羽具白斑，眉部肉垂红色。

雌鸟： 颜色暗有横斑，胸部棕黄色，喉部黄色，腹部及两胁淡白色，且密布黄褐色横斑。

虹膜： 深褐色。**嘴：** 黄色或白色。**脚：** 灰色被羽。

栖息于针叶林中。以树叶、浆果、花草为食。

蓝马鸡

（拉丁学名：*Crossoptilon auritum*）

分类： 鸡形目 雉科 马鸡属

俗名： 角鸡、松鸡、绿鸡、马鸡

IUCN 红色名录等级： LC；**中国物种红色名录：** LC

国家保护等级： Ⅱ

形态特征： 通体蓝灰色，头顶绒羽黑色，眼周裸皮猩红色，头侧有白色耳羽簇，中央尾羽长且翘起，外侧尾羽基部白色。雄性跗（fū）跖（zhí）有距，雌性无距。

虹膜： 橘黄色。**嘴：** 粉红色。**脚：** 红色。

栖息于开阔高山草甸、山地阳坡乔木层云杉林、杜鹃灌丛。杂食性，以植物芽、茎、根、叶、花、果实、种子以及昆虫为食。

原鸽

（拉丁学名：*Columba livia*）

分类： 鸽形目 鸠鸽科 鸽属

俗名： 野鸽子

IUCN 红色名录等级： LC；**中国物种红色名录：** LC

形态特征： 羽毛蓝灰色，头及胸部具紫绿色闪光。翼
和尾端有黑色横斑。

    虹膜： 褐色。**嘴：** 角质色。**脚：** 深红色。

    栖息于平原、绿洲、荒漠和山地岩石及悬崖上。以果实、农作物
和各种种子为食。

山斑鸠（jiū）

（拉丁学名：*Streptopelia orientalis*）

分类： 鸽形目 鸠鸽科 斑鸠属

俗名： 花翼、金背斑鸠、绿斑鸠、麒麟鸠、山鸽子、
雉鸠

IUCN 红色名录等级： LC；**中国物种红色名录：** LC

形态特征： 上体深色具扇贝斑纹，颈侧有黑白色条纹的
块状斑。尾羽近黑色，尾梢浅灰色。下体多偏粉色。
嘴端膨大具角质。

    虹膜： 黄色。**嘴：** 灰色。**脚：** 粉红色。**爪：** 褐色。

    栖息于低山丘陵、平原和山地阔叶林、混交林、次生林、果园和农田耕地以及宅旁竹林
和树上。以植物的果实、种子、嫩叶、幼芽以及昆虫为食。

灰斑鸠（jiū）

（拉丁学名：*Streptopelia decaocto*）

分类： 鸽形目 鸠鸽科 斑鸠属

俗名： 领斑鸠

IUCN 红色名录等级： LC；中国物种红色名录：LC

形态特征： 全身灰褐色，颈后具黑色颈环，环外有白
色羽毛围绕。翼上有蓝灰色斑块，尾羽尖端为白色。
眼周裸露皮肤白色或浅灰色。

虹膜： 褐色。**嘴：** 灰色。**脚：** 粉红色。

栖息于平原、丘陵林地、农田以及山麓树丛间。以植物果实与种子为食，也会捕食昆虫等。

珠颈斑鸠（jiū）

（拉丁学名：*Spilopelia chinensis*）

分类： 鸽形目 鸠鸽科 珠颈斑鸠属

俗名： 鸪（gū）雕、花斑鸠、花脖斑鸠、珍珠鸠

IUCN 红色名录等级： LC；中国物种红色名录：LC

形态特征： 头为灰色，颈侧有以白点组成的黑色领斑，
上体多为褐色，下体粉红色。尾外侧末端为白色。

虹膜： 橘黄色。**嘴：** 黑色。**脚：** 红色。**爪：** 褐色。

栖息于草地、平原、低山丘陵、农田，以及城市、村庄路边的树上。

以植物种子为食。

纵纹腹小鸮（xiāo）

（拉丁学名：*Athene noctua*)

分类： 鸮形目 鸱（chī）鸮科 小鸮属

俗名： 辞怪、小猫头鹰、小鸮

IUCN 红色名录等级： LC；**中国物种红色名录：** LC

国家保护等级： Ⅱ

形态特征： 头顶较平，上体褐色，具白色纵纹及点斑。
下体棕白色，具褐色杂斑及纵纹。淡色眉纹在前额联结，
肩上有两道白色或皮黄色的横斑。

虹膜： 亮黄色。**嘴：** 黄绿色。**脚：** 白色，被羽。**爪：** 黑褐色。

栖息于开阔的林缘地带、平原、草地、丘陵、荒坡及沟壑或农田附近的大树。以昆虫、蚯蚓、其他无脊椎动物、小型脊椎动物以及植物为食。

灰头绿啄木鸟

（拉丁学名：*Picus canus*）

分类： 䴕（liè）形目 啄木鸟科 绿啄木鸟属

俗名： 火老鸦、绿奔得儿木、山啄木

IUCN 红色名录等级： LC；**中国物种红色名录：** LC

形态特征：

雄鸟： 上体背部绿色，下体灰绿色，额部和头顶部红色，
颊及喉灰色。髭（zī）纹黑色。枕灰色有黑纹。初级
飞羽黑色具有白色横条纹。尾大部为黑色。鼻孔被粗的羽毛所掩盖。

雌鸟： 顶冠灰色无红斑，嘴相对短钝。

虹膜： 红褐色。**嘴：** 近灰色。**脚：** 蓝灰色。**爪：** 褐色。

栖息于阔叶混交林和针叶混交林、灌木林林地和林缘地带。以昆虫及其幼虫、植物果实和种子为食。

赏析——雉

雉（zhì）字由"矢"和"隹"构成，"矢"表示箭，"隹（zhuī）"表示鸟；雉本意为雉鸡、野鸡、山鸡。雄雉羽色艳丽，深受人们的喜爱，自古被视为吉祥之鸟，有着美好的寓意，在传统文化中占有很高的地位。

在很多艺术品中都可以见到它的身影，如绘画、瓷器等，在古诗词中，也多有赞颂之词，《诗经》中有很多描写禽鸟的诗，其中有13%涉及雉，并且被赋予了多种意向。

《邶（bèi）风·雄雉》

雄雉于飞，泄（yì）泄其羽。我之怀矣，自诒伊阻。雄雉于飞，下上其音。展矣君子，实劳我心。

瞻彼日月，悠悠我思。道之云远，曷（hé）云能来？百尔君子，不知德行？不忮（zhì）不求，何用不臧（zāng）？

诗歌借雉来表现妻子对在外服役丈夫的想念之情。

《王风·兔爰》

有兔爰爰，雉离于罗。我生之初，尚无为；我生之后，逢此百罹（lí）。尚寐无吪（é）！

有兔爰爰，雉离于罦（fú）。我生之初，尚无造；我生之后，逢此百忧。尚寐无觉！

有兔爰爰，雉离于罿（chōng）。我生之初，尚无庸；我生之后，逢此百凶。尚寐无聪！

诗歌以兔、雉对比，狡猾的兔子比喻小人，耿直善良的雉比喻君子，以此揭示社会的黑暗，表现诗人的失望与愤慨之情。

东汉班固所撰《白虎通义》中对记载"大夫以雁为贽者，取其飞成行列。大夫职在以奉命之适四方，动作当能自正以事君也。士以雉为贽者，取其不可诱之以食，慑之以威，必死不可生畜。士行威守节死义，不当移转也。"

华夏为礼仪之邦，古人相互拜见都会携带礼物，并且有严格的等级之分，士之间相互拜访，都会选择以雉为礼，古人认为雉不受引诱、不吃嗟来之食，不惧威慑、宁死不屈的特点，与高洁之士的品格相符，所以古时的读书阶层"士"，就将雉制成风干雉当作礼物。因雉警惕性强的天性，不敢在人前进食，并且雉的食囊较小，容量有限，只能少量多餐；胆子小又吃不多，被逮到之后很容易饿死，使古人赋予了它"高洁""守节"的品行。

传统文化的瑰宝——戏曲中也可见到雉的身影。戏曲中的行头（道具）中有一种翎，就是用雉的尾羽制作而成的，是演员的头饰。因其光亮且艳丽，装饰在头上使戏曲人物更显英俊、潇洒、威武、雄壮。不但冲击了视觉效果，也增强了舞蹈动作。但并非所有人物都可以佩戴雉鸡翎，一般庄严、正统的人物与文职官员不佩戴；佩戴的人物一般为英俊的将帅、英气的女将、神话中的神将、少数民族的王侯将帅等。

第二节　旅　鸟

　　旅鸟，也称过路鸟，在迁徙途中，路过某地短暂停留后继续迁徙的鸟类。内蒙古地区旅鸟有鸿雁、林鹬、红嘴鸥等。当候鸟迁徙距离较远，在迁徙途中为保证能量充足，会在途中停歇来补充能量，它们对于补给地来说即是旅鸟。一般在补给地停留时间较长，摄取大量食物来支撑下一个阶段的迁徙飞行。

游隼（sǔn）

（拉丁学名：*Falco peregrinus*）

分类： 隼形目　隼科　隼属

俗名： 花梨鹰、鸭虎、青燕、花梨隼、赤胸隼

IUCN 红色名录等级： LC；**中国物种红色名录：** LC

国家保护等级： II

形态特征： 中型猛禽，头部黑色，头顶及脸颊近黑色或
　　　　　　具黑色条纹。上体深灰色，具黑色点斑及横纹，下体
　　　　　　白色，胸具黑色纵纹，腹部、腿及尾下多具黑色横斑。雌鸟比
　　　　　　雄鸟体型大。尾部青黑色，具有数条黑色宽横斑，先端淡白色。
　　虹膜： 黑色。**嘴：** 灰色，蜡膜黄色。**脚：** 黄色。**爪：** 黑色。
　　栖息于森林、灌木林、草原、湿地、岩石区、沙漠中。以中小型的鸟类、中小型哺乳动物、啮齿类动物和爬行动物为食。

大白鹭

（拉丁学名：*Ardea alba*）

分类： 鹈（tí）形目 鹭科 白鹭属

俗名： 白漂鸟、白洼、白庄、风漂公子、鹭鸶、
雪客

IUCN 红色名录等级： LC；**中国物种红色名录：** LC

形态特征： 颈长具特别的扭结。体毛白色，胸部无蓑羽，
背上蓑羽短。非繁殖羽：背无蓑羽。

虹膜： 黄色。**嘴：** 黄色（非繁殖期），黑色（繁殖期）。**脚：** 黑色。

栖息于开阔平原和山地丘陵地区的溪流、湖泊、池塘、泥滩、咸水和淡水沼泽等。肉食性动物，以鱼、水生昆虫、两栖类动物为食，也捕食小鸟等。

苍鹭

（拉丁学名：*Ardea cinerea*）

分类： 鹈（tí）形目 鹭科 鹭属

俗名： 灰鹭、老等、青庄

IUCN 红色名录等级： LC；**中国物种红色名录：** LC

形态特征： 成鸟冠羽黑色，上体羽苍灰色，头和颈白色，
胸、腹白色，胸前具白色矛状羽，胸两侧具黑色
纵纹；雌鸟羽冠较短，幼鸟体色为灰褐色。

虹膜： 黄色。**嘴：** 黄绿色。**脚：** 偏黑。

栖息于淡水和海岸等水域的浅水处，以及沼泽、稻田等处。以小型鱼类、甲壳类、两栖类、爬行类和昆虫等动物性食物为食。

鸿雁

（拉丁学名：*Anser cygnoides*）

分类： 雁形目 鸭科 雁属

俗名： 草雁、黑嘴雁、奇鹅、沙雁、原鹅

IUCN 红色名录等级： VU；**中国物种红色名录：** VU

国家保护等级： Ⅱ

形态特征： 前额有一白色环纹，上体灰褐色，羽缘较白；
前颈白色，后颈棕褐色；胸、腹淡黄褐色，下腹至尾下
覆羽白色。尾上覆羽灰褐色，尾端白色。雄性嘴基疣状突起，
雌性不明显。

虹膜： 褐色。**嘴：** 黑色。**脚：** 深橘黄色。

栖息于宽阔草原的湖泊、河流、沼泽及其近岸草地、山地的河谷。以草本植物的叶、芽，芦苇、藻类及少量甲壳类和软体动物等为食。

赤膀鸭

（拉丁学名：*Anas strepera*）

分类： 雁形目 鸭科 鸭属

俗名： 青边仔

IUCN 红色名录等级： LC；**中国物种红色名录：** LC

形态特征：

雄鸟： 上体暗褐色，头棕色，尾黑色，背上部具白色
波状细纹，腹白色，胸暗褐色具新月形白斑，翅膀
具棕栗色横带和黑白二色翼镜。

雌鸟： 上体暗褐色具棕色斑纹，翼镜白色。

虹膜： 褐色。**嘴：** 繁殖期雄鸟灰色，其他时期橘黄色嘴峰灰色。**脚：** 橘黄色。

栖息于江河、湖泊、水库、河湾、水塘和沼泽等内陆水域中。以水生植物、青草、草籽、浆果和谷粒为食。

斑脸海番鸭

（拉丁学名：*Melanitta fusca*）

分类： 雁形目　鸭科　海番鸭属

俗名： 奇嘴鸭、海番鸭

IUCN 红色名录等级： LC；**中国物种红色名录：** LC

形态特征： 潜水鸭类。

雄鸟： 羽毛黑褐色有光泽，眼下及眼后有白斑。上嘴
基部有肉瘤；翅上翼镜白色。

雌鸟： 羽毛棕黑色；上嘴基及耳部有淡白色斑；无肉瘤。下体色泽
较淡；胸部中央和腹部两侧白色。

虹膜： 雄性白色、雌性褐色。**嘴：** 雄性嘴基有黑色肉瘤，其余为粉红色；雌性近灰色。

脚： 红粉色。

栖息于北部山区的冰川湖泊、沿海海滩、内陆淡水河湖和湖沼地区。以鱼类、水生昆虫、
甲壳类、贝类、软体动物、水生植物等为食。

鹊鸭

（拉丁学名：*Bucephala clangula*）

分类： 雁形目　鸭科　鹊鸭属

俗名： 喜鹊鸭

IUCN 红色名录等级： LC；**中国物种红色名录：** LC

形态特征： 潜水鸭类。嘴短，颈短。

雄鸟： 繁殖期头黑色闪绿光，两颊嘴基部具白斑；上
体黑色，胸腹白色，下体白色，翅上有大型白斑。
非繁殖期雄性似雌性，近嘴基处点斑为浅色。

雌鸟： 体型略小，头和颈褐色，颈基有白色颈环；上体淡黑褐色，具有贝形白纹；上胸、
两胁灰色；其余下体白色。

虹膜： 金黄色。**嘴：** 近黑色（雌鸟先端橙色）。**脚：** 黄色。

栖息于平原森林地带中的溪流、水塘和水渠中。以昆虫及其幼虫、蠕虫、甲壳类、软体动物、
小鱼、蛙以及蝌蚪等为食。

斑头秋沙鸭

（拉丁学名：*Mergellus albellus*）

分类： 雁形目 鸭科 斑头秋沙鸭属

俗名： 白秋沙鸭、小秋沙鸭、鱼鸭、狗头钻、花头锯嘴鸭

IUCN 红色名录等级： LC；**中国物种红色名录：** LC

国家保护等级： Ⅱ

形态特征：

　繁殖期雄鸟： 全身雪白色，眼周、枕部、背部黑色，胸侧具狭窄黑纹；体侧具灰色细纹；两翅和尾部灰黑色。

　雌鸟及非繁殖期雄鸟： 上体黑褐色，具两道白色翼斑，下体白色，眼周近黑色，额、头顶及枕部栗色，喉白色。

　　虹膜： 褐色。**嘴：** 近黑色。**脚：** 灰色。

　栖息于河岸森林附近的湖泊、河流、林间沼泽等环境中。以鱼类、软体动物和甲壳类、植物为食。

扇尾沙锥（zhuī）

（拉丁学名：*Gallinago gallinago*）

分类： 鸻（héng）形目 鹬科 沙锥属

俗名： 扇尾鹬、小沙锥、田鹬

IUCN 红色名录等级： LC；**中国物种红色名录：** LC

形态特征： 涉禽。嘴直且长，上体黑褐色，头顶具乳黄色中央冠纹；侧冠纹黑褐色；眉纹黄白色，贯眼纹黑褐色。背、肩具乳黄色羽缘。下体白色，颈和上胸密布黄褐色斑纹；下胸至尾下覆羽白色。尾具白色端斑和棕色亚端斑；次级飞羽具白色宽端缘，翅下覆羽亦较白，较少黑褐色横斑。

　　虹膜： 褐色。**嘴：** 褐色。**脚：** 橄榄色。

　栖息于冻原和平原地带的湖泊、河流、沼泽等淡水水域。以小型无脊椎动物、小鱼和杂草种子为食。

白腰草鹬（yù）

（拉丁学名：*Tringa ochropus*）

分类： 鸻（héng）形目　丘鹬科　鹬属
俗名： 绿鹬
IUCN 红色名录等级： LC；**中国物种红色名录：** LC
形态特征： 涉禽。

　　繁殖羽： 上体黑褐色具白色斑点；腰和尾白色，尾具
　　　　　　黑色横斑。下体白色，胸具黑褐色纵纹。眼先有白色
　　　　　　眉纹，眼周白色。

　　非繁殖羽： 颜色较灰，胸部具淡褐色纵纹不明显。

　　虹膜： 褐色。**嘴：** 暗橄榄色。**脚：** 橄榄绿色。

　　栖息于山地或平原森林中的湖泊、河流、沼泽和水塘附近。以蠕虫、虾、蜘蛛、小蚌、田螺、昆虫、昆虫幼虫等小型无脊椎动物为食。

林鹬（yù）

（拉丁学名：*Tringa glareola*）

分类： 鸻（héng）形目　丘鹬科　鹬属
俗名： 油锥、林札子
IUCN 红色名录等级： LC；**中国物种红色名录：** LC
形态特征： 涉禽。上体灰褐色，具白色条纹；眉纹长，
　　　　　　白色；背和肩黑褐色，羽缘有白斑；腹部及臀偏
　　　　　　白色，腰白色；尾白色具褐色横斑；下腹白色。

　　虹膜： 褐色。**嘴：** 黑色。**脚：** 橄榄绿色。

　　栖息于林中或林缘开阔沼泽、湖泊、水塘与溪流岸边。以昆虫成虫、昆虫幼虫、蠕虫、虾、蜘蛛、软体动物和甲壳类等小型无脊椎动物为食。

红嘴鸥

（拉丁学名：*Larus ridibundus*）

分类：鸻（héng）形目 鸥科 鸥属
俗名：钓鱼郎、水鸽子、笑鸥
IUCN 红色名录等级：LC；中国物种红色名录：LC
形态特征：

繁殖羽：头部咖啡色，颊、喉褐色；眼周被白色，枕、
后颈和上背白色，下背灰色；颈、胸、腹部白色；
翼前缘白色；尾羽黑色。

非繁殖羽：眼后具黑色点斑，头部白色。第一冬鸟：体羽杂褐色斑，尾尖端具黑色横带，
翼后缘黑色。

虹膜：褐色。**嘴**：红色（亚成鸟嘴尖黑色）。**脚**：红色（亚成鸟颜色较淡）。**爪**：黑色。
栖息于平原至低山的湖泊、水库、河流、海滨等水域，以及城市公园的人工湖泊。以昆虫、
小鱼、虾、螺、软体动物及植物为食。

赏析——鸿鹄

鸿是指大雁，鹄是指天鹅。大雁是鸭科雁属的鸟类统称，天鹅是鸭科天鹅属的鸟类统称，鸿鹄均为候鸟、游禽，不仅飞行能力强，而且信念坚定，常用于比喻志向高远的人。

《送陈七赴西军》

唐·孟浩然

吾观非常者，碌碌在目前。

君负鸿鹄志，蹉跎书剑年。

一闻边烽动，万里忽争先。

余亦赴京国，何当献凯还。

诗人赞扬陈七素有从军报国的鸿鹄之志，表现了诗人关心国事，预祝友人早日凯旋的感情。

鸿——大雁，在古人眼中具有仁、义、礼、智、信5种美德。

仁，雁群中的老弱病残不会被遗弃，会得到壮年雁的照顾，不侵犯离群的孤雁。

义，大雁坚持一夫一妻，从一而终，如一方先亡，另一方也孤守终生。

礼，迁徙的雁群排列成一定的阵型，礼让幼雁在队伍中间，确保安全不掉队、不赶超、不越队，依队形飞行。

智，雁群有组织、有纪律，团结友爱，结阵飞行，有效避险，减轻飞行阻力。

信，南北迁徙，如约而至，从不失信。

鹄——天鹅，姿态优雅、叫声动听、行为忠诚，受到中西方的喜爱，都将其视为纯洁、高贵、勇敢、善良、忠诚和力量的象征。

《天鹅曲》

元·袁桷（jué）

天鹅颈瘦身重肥，夜宿官荡群成围。

芦根唼（shà）唼水蒲滑，翅足蹩（bié）曳（yè）难轻飞。

参（cēn）差（cī）旋地数百尺，宛转培风借双翮（hé）。

翻身入云高帖天，下陋蓬蒿去无迹。

五坊手擎（qíng）海东青，侧眼光透瑶（yáo）台层。

解绦脱帽穷碧落，以掌疾掴（guó）东西倾。

离披交旋百寻衮（gǔn），苍鹰助击随势远。

初如风轮舞长竿，末若银毬（qiú）下平坂。

蓬头喘息来献官，天颜一笑催传餐。

不如家鸡栅中生死守，免使羽林春秋水边走。

辽代有春季放海东青（猛禽）捕天鹅，摆"头鹅宴"的宫廷习俗，诗歌先以生动细腻的笔触，形象地描绘了天鹅的生活习性；接下来勾勒宫廷围猎天鹅的场景，最后表达对天鹅悲惨命运的悲悯，表露诗人对人与自然和谐相处的朴素情怀。

第三节 夏候鸟

候鸟，随季节变化在繁殖地和越冬地间迁移的鸟类，夏季在该地区繁殖，秋季返回越冬地的鸟为该地的夏候鸟，冬季在该地区越冬，春季迁徙的鸟为该地的冬候鸟。内蒙古地区的夏候鸟有家燕、云雀、蓑羽鹤等。候鸟在迁徙前会做足准备，更换羽毛以满足长途飞行，大量进食囤积脂肪，以储存能量等。有时候鸟也会变成留鸟，在繁殖地越冬。

家燕

（拉丁学名：*Hirundo rustica*）

分类：雀形目 燕科 燕属
俗名：观音燕、燕子
IUCN 红色名录等级：LC；**中国物种红色名录：**LC
形态特征：上体钢蓝色，具金属光泽；颏、喉至上胸
　　　　　栗红色；具蓝色胸带，腹面白色。尾长呈叉状，
　　　　　黑色，近端处有白色点斑。
　　虹膜：褐色。**嘴：**黑褐色。**脚：**黑色。
　　栖息于人类居住环境附近，常成群栖息于房顶、电线、谷仓或其他附属建筑等人工构筑物上。以昆虫为食。

金腰燕

（拉丁学名：*Cecropis daurica*）

分类： 雀形目 燕科 燕属

俗名： 赤腰燕、胡燕、花燕儿、巧燕、夏侯

IUCN 红色名录等级： LC；**中国物种红色名录：** LC

形态特征： 前额、头顶和背部亮蓝黑色，腰部栗色，
脸颊部棕色，下体棕白色，有黑色细纵纹；具一
条栗黄色的腰带，腰浅栗色；尾长，叉深。翅羽亮蓝
黑色，尾羽黑褐色。

虹膜： 褐色。**嘴：** 黑色。**脚：** 黑色。

栖息于低山及平原的居民点附近，以昆虫为食。

云雀

（拉丁学名：*Alauda arvensis*）

分类： 雀形目 百灵科 云雀属

俗名： 阿兰儿、阿鹨、朝天柱、告天鸟、小百灵

IUCN 红色名录等级： LC；**中国物种红色名录：** LC

国家保护等级： Ⅱ

形态特征： 小型鸣禽，具羽冠，且有细纹；上体棕色，
具黑色纵纹，背部花褐色。尾分叉棕色，外尾羽白色。
眼先和眉纹棕白色，胸腹部白色，密布褐色粗纹，其余下体白色。

虹膜： 深褐色。**嘴：** 角质色。**脚：** 肉色。

栖息于农田、沙丘、荒原、苔原、平原、草地、耕地、沼泽边缘、海岸、森林空地中。
杂食性动物，以植物的草籽、嫩芽、昆虫及其幼虫为食。

中华攀雀

（拉丁学名：*Remiz consobrinus*）

分类： 雀形目 攀雀科 攀雀属

俗名： 洋红儿

IUCN 红色名录等级： LC；**中国物种红色名录：** LC

形态特征：

  雄鸟： 头顶白色沾灰色，额、眼先、眼周、耳羽黑色
  连成带状，并镶有白色边；上背和肩部呈棕褐色，
  下背和腰沙棕色；下体白色沾淡黄色。

  雌鸟： 颜色较暗，头部棕色；额眼先、眼周、耳羽深褐色；背沙棕色。

  虹膜： 深褐色。**嘴：** 灰黑色。**脚：** 蓝灰色。

  栖息于开阔平原、水域附近或半荒漠地带的疏林内。以昆虫为食。

田鹨（liù）

（拉丁学名：*Anthus richardi*）

分类： 雀形目 鹡（jī）鸰（líng）科 鹨属

俗名： 花鹨、理氏鹨

IUCN 红色名录等级： LC；**中国物种红色名录：** LC

形态特征： 小型鸣禽，上体棕黄色，头顶和背部具暗
  褐色纵纹，眼先和眉纹皮黄白色。下体淡白色，
  喉两侧有一暗褐色纵纹，胸具暗褐色纵纹。尾黑褐色，
  外侧尾羽白色。

  虹膜： 褐色。**嘴：** 粉红褐色。**脚：** 粉红色。

  栖息于开阔平原、草地、河滩、林缘灌丛、林间空地以及农田和沼泽地带。以昆虫和草籽为食。

布氏鹨（liù）

（拉丁学名：*Anthus godlewskii*）

分类： 雀形目 鹡（jī）鸰（líng）科 鹨属

俗名： 布莱氏鹨

IUCN 红色名录等级： LC；**中国物种红色名录：** LC

形态特征： 上体褐色，纵纹较多；尾羽黑褐色，外侧
尾羽白色，翅羽暗褐色，边缘沙黄色；下体沙黄色，
具暗褐色纵纹。

虹膜： 深褐色。**嘴：** 肉色。**脚：** 淡褐色。

栖息于阔叶林、混交林、针叶林、山地森林、高山矮曲林和疏林灌丛中。以昆虫、小型
无脊椎动物以及苔藓、谷粒、杂草种子等为食。

白鹡（jī）鸰（líng）

（拉丁学名：*Motacilla alba*）

分类： 雀形目 鹡鸰科 鹡鸰属

俗名： 白颤儿、白面鸟、马兰花儿

IUCN 红色名录等级： LC；**中国物种红色名录：** LC

形态特征： 小型鸣禽。头顶和后颈黑色，胸黑色，脸白色；
下体白色，两翼黑色，具白色翅斑。尾黑色，外侧
羽白色。

虹膜： 褐色。**嘴：** 黑色。**脚：** 黑色。

栖息于溪流、湖泊、水库、水塘、河流等水域岸边，近水的开阔地带，农田、沼泽等湿地、
人类村落或城镇。以昆虫、无脊椎动物及浆果、植物种子等为食。

灰椋鸟

（拉丁学名：*Sturnus cineraceus*）

分类： 雀形目　椋鸟科　椋鸟属

俗名： 八哥、杜丽雀、高粱头、管莲子、假画眉、
　　　　竹雀、哈拉燕

IUCN 红色名录等级：LC；中国物种红色名录：LC

形态特征： 头顶至后颈黑色，额和头顶夹杂有白色，颊
　　　　和耳覆羽白色有黑色纵纹。上体灰褐色，尾羽黑褐色，
　　　　臀、外侧尾羽的羽端具白色横纹；胸侧和腹侧褐色；下体余
　　　　部白色。雌鸟色浅而暗。

　　虹膜： 偏红色。**嘴：** 黄色，尖端黑色。**脚：** 暗橘黄色。

　　栖息于开阔的林缘、低山、丘陵荒地以及山脚平原地带的河谷阔叶林、次生阔叶林、疏
林草地以及灌丛中。杂食性鸟类，以昆虫、植物果实与种子为食。

红尾伯劳

（拉丁学名：*Lanius cristatus*）

分类： 雀形目　伯劳科　伯劳属

俗名： 大头蛮子、花虎伯劳、土虎伯劳、褐伯劳

IUCN 红色名录等级：LC；中国物种红色名录：LC

形态特征： 上体棕褐色，两翅黑褐色，头顶灰色或红
　　　　棕色，具白色眉纹和黑色贯眼纹。尾上覆羽红棕色。
　　　　额、喉白色，其余下体棕白色。

　　虹膜： 褐色。**嘴：** 黑色。**脚：** 灰黑色。

　　栖息于低山丘陵和山脚平原地带的灌丛、疏林和林缘地带。以昆虫、蛙和蜥蜴为食。

小䴙（pì）䴘（tī）

（拉丁学名：*Tachybaptus ruficollis*）

分类： 䴙䴘目 䴙䴘科 小䴙䴘属

俗名： 水葫芦、刁鸭、水皮溜、王八鸭子、小子钻、
油鸭

IUCN 红色名录等级： LC；**中国物种红色名录：** LC

形态特征： 喙较尖，趾（zhǐ）上有蹼，瓣蹼足。

　繁殖羽： 喉及前颈偏红色，头顶及颈背深灰褐色，上体褐
　　　　色，下体偏灰色，具明显黄色嘴斑。

　非繁殖羽： 上体灰褐色，下体白色。

　幼鸟： 头、颈部为灰白色，具黑色纵纹。

　　虹膜： 黄色。**嘴：** 黑色。**脚：** 蓝灰色，趾尖浅色。

　　栖息于水塘、湖泊、沼泽及涨过水的稻田。以小型鱼类和水生节肢动物为食。

凤头䴙（pì）䴘（tī）

（拉丁学名：*Podiceps cristatus*）

分类： 䴙䴘目 䴙䴘科 䴙䴘属

俗名： 艄（shāo）板儿

IUCN 红色名录等级： LC；**中国物种红色名录：** LC

形态特征： 颈长，羽冠黑色，上体灰褐色，下体白色
　　　　具光泽。后颈暗褐色，两翅暗褐色，夹杂有白斑。
　　　　眼先、颊白色，自嘴角至眼部有一黑色线。颈上部有
　　　　具黑端的棕色羽毛，形成皱领；胸侧和两胁淡棕色。冬季黑色
　　　　羽冠不明显，颈上饰羽消失。

　　虹膜： 红色。**嘴：** 黄色，下颚基部带红色，嘴峰近黑色。**脚：** 近黑色。

　　栖息于湖泊、沼泽、水库、池塘、河流和沿海地带湖泊等地。以水生昆虫、小型鱼虾、
水生植物等为食。

黑颈鹧（pì）鹈（tī）
（拉丁学名：*Podiceps nigricollis*）

分类： 鹧鹈目 鹧鹈科 鹧鹈属
俗名： 艄板儿
IUCN 红色名录等级： LC；中国物种红色名录：LC
国家保护等级： Ⅱ
形态特征：

繁殖羽： 耳簇黄色松软呈扇形，头、颈和上体黑色；翅羽
褐色；胸、腹部白色，胸侧和两胁栗红色，翅下覆羽和腋羽白色。

非繁殖羽： 额、头顶、枕、后颈至背黑色，前颈褐色，颏、喉、颊及后头两侧白色；胸、
腹部白色，胸侧和腹侧羽端具灰黑色斑。

幼鸟： 似冬季成鸟，但褐色较重，胸部具深色带，眼圈白色。

虹膜： 红色。**嘴：** 黑色。**脚：** 灰黑色。

栖息于内陆淡水湖泊、水塘、河流及沼泽地带，以昆虫、小鱼、蛙类、甲壳类和软体动物为食。

黄苇鳽（jiān）
（拉丁学名：*Ixobrychus sinensis*）

分类： 鹈（tí）形目 鹭科 苇鳽属
俗名： 小黄鹭
IUCN 红色名录等级： LC；中国物种红色名录：LC
形态特征： 中型涉禽。

成鸟： 顶冠黑色，上体淡黄褐色，下体皮黄色，飞羽黑色，
覆羽皮黄色。

雄鸟： 额、头顶、枕部和冠羽黑色，微夹杂灰白色纵纹；头侧、后颈和颈侧棕黄白色。

雌鸟： 头顶为栗褐色，具黑色纵纹。

亚成鸟： 全身褐色较浓，具纵纹，两翼及尾黑色。

虹膜： 黄色。**嘴：** 绿褐色。**脚：** 黄绿色。

栖息于平原至低山的湖泊、水塘、灌木丛、淡水沼泽、稻田等地。以水生昆虫、小鱼、甲壳类动物、青蛙、软体动物、蟋蟀等为食。

翘鼻麻鸭

（拉丁学名：*Tadorna tadorna*）

分类： 雁形目 鸭科 麻鸭属
俗名： 白鸭、掘穴鸭、花凫
IUCN 红色名录等级： LC；**中国物种红色名录：** LC
形态特征：

雄鸟： 上嘴基部具红色皮质肉瘤。头部和上颈黑色，
具绿色光泽；上背部至胸部具栗色环带；腹部中央
具黑色纵带，肩羽黑色，尾羽末端黑色，其余体羽白色。

雌鸟： 羽色较淡，前额具白斑，嘴基无皮质肉瘤，无绿色金属光泽。

虹膜： 浅褐色。**嘴：** 红色。**脚：** 红色。

栖息于淡水湖泊、河流、盐池、盐田及海湾等处。以昆虫、甲壳类、小鱼等动物性食物为食。

疣（yóu）鼻天鹅

（拉丁学名：*Cygnus olor*，异名：*Anas olor*）

分类： 雁形目 鸭科 天鹅属
俗名： 瘤鹄、白鹅、赤嘴天鹅、哑声天鹅
IUCN 红色名录等级： LC；**中国物种红色名录：** NT
国家保护等级： II
形态特征：

成鸟： 全身雪白，雄性前额基部具黑色疣突；雌性疣突不
明显。

幼鸟： 绒灰色或污白色。

虹膜： 褐色。**嘴：** 橘黄色（幼鸟灰紫色）。**脚：** 黑色。

栖息于开阔的湖泊、江河、水塘、水库、沼泽等地。以水生植物的根、茎、叶、芽以及果实为食。

灰雁

（拉丁学名：*Anser anser*）

分类： 雁形目　鸭科　雁属

俗名： 红嘴雁、灰腰雁、沙雁、沙鹅、大雁

IUCN 红色名录等级： LC；**中国物种红色名录：** LC

形态特征： 头顶和后颈为褐色，上体灰褐色，具扇贝
形羽纹；下体污白色，胸部和腹部有不规则的褐
色斑块，尾下覆羽白色。雏鸟头顶和上体为黄褐色，
下体浅黄色。

虹膜： 褐色。**嘴：** 红粉色。**脚：** 粉红色。

栖息于湖泊、水库、沼泽、河口、沙洲、湿草原等淡水水域。以植物的根、茎、叶、嫩芽、果实和种子等为食。

蓑羽鹤

（拉丁学名：*Grus virgo*；异名：*Anthropoides virgo*）

分类： 鹤形目　鹤科　鹤属

俗名： 闺秀鹤、灰鹤

IUCN 红色名录等级： VU；**中国物种红色名录：** LC

国家保护等级： Ⅱ

形态特征： 颊部两侧有白色丝状耳羽簇，头顶灰色，颈、
胸黑色。眼后和耳羽白色；前胸蓑羽黑色；其余体羽
灰色，翅灰色，羽端黑色。

虹膜： 红色。**嘴：** 黄绿色。**脚：** 黑色。

栖息于开阔的平原至高原的草地、沼泽湿地、湖泊。杂食动物，以各种小型鱼类、鸟、虾、蛙、蝌蚪、野鼠、蜥蜴、水生昆虫等为食，还兼食植物嫩芽、种子及农作物玉米、小麦等。

丹顶鹤

（拉丁学名：*Grus japonensis*）

分类： 鹤形目 鹤科 鹤属

俗名： 仙鹤

IUCN 红色名录等级： EN；**中国物种红色名录：** EN

国家保护等级： I

形态特征： 大型涉禽。

    成鸟： 头顶裸露朱红色，额和眼先具黑色羽，耳至枕部白色，喉和颈黑色；体羽白色，仅次级飞羽和三级飞羽为黑色。

    幼鸟： 体羽暗淡，棕褐色或淡黄色，头顶红色 2 岁后逐渐明显。

    虹膜： 褐色。**嘴：** 绿灰色。**脚：** 黑色。

    栖息于四周环水的滩涂、河岸及沼泽地带。以鱼虾、水生昆虫、软体动物及水生植物等为食。

黑水鸡

（拉丁学名：*Gallinula chloropus*）

分类： 鹤形目 秧鸡科 黑水鸡属

俗名： 红骨顶、红鸟、江鸡

IUCN 红色名录等级： LC；**中国物种红色名录：** LC

形态特征： 涉禽，头具红色额甲。上体灰黑褐色，下背和双翅橄榄褐色；两胁具白色纵纹，尾下覆羽两侧白色，中间黑色。

    虹膜： 红色。**嘴：** 黄色，嘴基红色。**脚：** 绿色。

    栖息于湖泊、池塘、水库、水渠、沼泽和稻田。以昆虫、节肢动物、软体动物及水生植物的嫩叶、根茎和嫩芽为食。

白骨顶

（拉丁学名：*Fulica atra*）

分类： 鹤形目 秧鸡科 骨顶属

俗名： 骨顶、冬鸡、孤顶、米鸡

IUCN 红色名录等级： LC；**中国物种红色名录：** LC

形态特征： 头部和颈部黑色，具光泽；额甲白色，呈
倒卵形；雌鸟额甲较小；体羽灰黑色，沾褐色；
翼缘白色。下体浅灰黑色，胸部和腹部中央羽色较浅，
腹部具细波纹状斑。尾下覆羽黑色。

虹膜： 红色。**嘴：** 白色（雌性喙端灰色，基部肉色）。**脚：** 灰绿色。

栖息于低山丘陵和平原草地中的水域。以水草及水生动物为食。

大鸨（bǎo）

（拉丁学名：*Otis tarda*）

分类： 鹤形目 鸨科 鸨属

俗名： 独豹、套道格、野雁

IUCN 红色名录等级： VU；**中国物种红色名录：** VU

国家保护等级： I

形态特征：

雄鸟： 繁殖期雄鸟，头、前颈灰色，后颈褐色；颏、喉及
嘴角有细长白色纤羽如须状；上体棕色，有金黄色、黑色相
间条纹；前胸两侧具宽阔的栗棕色横带，下体白色；尾羽先端白色，具黑色横斑。
非繁殖期雄鸟，颏部胡须状饰羽消失，下颈无棕栗色斑。

雌鸟： 体型小，下颈无栗棕色横带，喉部无须状羽。

虹膜： 褐色。**嘴：** 灰色。**脚：** 褐色。

栖息于稀树草原、荒漠、湿地或者孤立的树林。杂食性鸟类，以植物性食物为主，也捕
食无脊椎动物和小型脊椎动物。

黑鹳（guàn）

（拉丁学名：*Ciconia nigra*）

分类： 鹳形目 鹳科 鹳属

俗名： 乌鹳、黑老鹳、黑巨鹳、锅鹳

IUCN 红色名录等级： LC；**中国物种红色名录：** NT

国家保护等级： I

形态特征：

  成鸟： 嘴长直，眼周裸露呈红色；头部、颈部、上体和上胸黑色，颈部具绿色光泽。下胸、腹、两胁和尾下覆羽白色。

  幼鸟： 体羽褐色，颈部、上胸具棕褐色斑点；两翅和尾呈黑褐色，具绿色光泽；胸和腹中部微沾棕色。

    虹膜： 褐色。**嘴：** 红色。**脚：** 红色。

    栖息于荒原或荒山附近的湖泊、水库、森林沼泽、森林河谷等地。以小鱼、虾、蛙、软体动物、甲壳类、啮齿类、昆虫为食。

东方白鹳（guàn）

（拉丁学名：*Ciconia boyciana*）

分类： 鹳形目 鹳科 鹳属

俗名： 白鹳、老鹳、水老鹳

IUCN 红色名录等级： EN；**中国物种红色名录：** EN

国家保护等级： I

形态特征： 眼周裸露，呈粉红色。体羽白色，肩羽黑色。亚成鸟羽色黄白色。

    虹膜： 稍白色。**嘴：** 黑色。**脚：** 红色。

    栖息于开阔草地和沼泽地带。以植物、苔藓和鱼类为食。

红脚隼（sǔn）

（拉丁学名：*Falco amurensis*）

分类： 隼形目 隼科 隼属

俗名： 青燕子、青鹰、红腿鹞子、蚂蚱鹰

IUCN 红色名录等级： LC；**国家保护等级：** II

形态特征： 猛禽。

雄鸟： 上体黑色；颏、喉、颈、侧、胸、腹部淡灰色，
胸具黑褐色羽干纹；肛周、尾下覆羽、覆腿羽棕
红色。

雌鸟： 头顶灰色具黑色纵纹；眼下具黑色线条；上体灰色，具黑褐
色羽干纹，背、肩具黑褐色横斑；颏、喉、颈侧乳白色，其余下体淡黄白色，胸被
黑褐色纵纹，腹中部具点状斑，腹两侧和两胁具黑色横斑；尾灰色具黑色横斑。

亚成鸟： 似雌鸟，下体斑纹为棕褐色而非黑色。

虹膜： 褐色。**嘴：** 灰色，蜡膜红色。**脚：** 红色。

栖息于林缘、山麓平原、低山疏林以及丘陵地区的沼泽、草地、河流、荒野、山谷中。
以小型鸟类、昆虫为食。

遗鸥

（拉丁学名：*Larus relictus Lönnberg*）

分类： 鸻（héng）形目 鸥科 鸥属

俗名： 钓鱼郎、黑头鸥

IUCN 红色名录等级： VU；**中国物种红色名录：** VU

国家保护等级： I

形态特征：

成鸟： 夏羽头黑色，眼周具白斑；颈部白色，背淡灰色，体
侧、下体纯白色；初级飞羽白色，具黑色端斑；冬羽头部白色，头侧具黑斑。

幼鸟： 第 1 年冬羽头侧无黑斑，眼前有黑斑，后颈有暗色纵纹，尾端具黑色横带。

虹膜： 棕褐色。**嘴：** 暗红色。**脚：** 暗红色（幼鸟嘴、脚为黑色或灰褐色）。

栖息于开阔平原和荒漠与半荒漠的咸水或淡水湖泊中。以水生昆虫、小鱼、水生无脊椎
动物等为食。

灰头麦鸡
（拉丁学名：*Vanellus cinereus*）

分类： 鸻（héng）形目 鸻科 麦鸡属

俗名： 跳凫

IUCN 红色名录等级： LC；**中国物种红色名录：** LC

形态特征： 背茶褐色，头、颈、胸灰色，下胸具黑色
横带，其余下体白色，初级飞羽黑色，次级飞羽
纯白；尾羽白色，具黑色端斑。冬羽头、颈褐色，颏、
喉白色，胸带不清晰。亚成鸟褐色较浓，无黑色胸带。

虹膜： 褐色。**嘴：** 黄色，端部黑色。**脚：** 黄色。

栖息于平原草地、沼泽、湖畔、河边、水塘及农田地带。以昆虫、水蛭、螺、蚯蚓、软体动物和植物叶、种子等为食。

金眶鸻（héng）
（拉丁学名：*Charadrius dubius*）

分类： 鸻形目 鸻科 鸻属

俗名： 黑领鸻

IUCN 红色名录等级： LC；**中国物种红色名录：** LC

形态特征： 上体沙褐色，下体白色，具白色领圈，其
下有黑色领圈；眼圈黄色，具黑色贯眼纹，眼后
具白色眉纹延伸至头顶相连。冬羽额部黑带消失。飞
羽和尾羽具白色端斑。亚成鸟成鸟黑色部分为褐色。

虹膜： 褐色。**嘴：** 灰色。**脚：** 黄色。

栖息于开阔平原和低山丘陵地带的湖泊、河流岸边以及附近的沼泽、草地和农田地带。以昆虫和小型水生无脊椎动物为食。

矶（jī）鹬（yù）

（拉丁学名：*Actitis hypoleucos*）

分类： 鸻（héng）形目 鹬科 鹬属

俗名： 普通鹬

IUCN 红色名录等级： LC；**中国物种红色名录：** LC

形态特征： 涉禽。上体褐色，下体白色，胸侧具褐灰
色斑块；飞羽近黑色，翼上具白色横纹；具白色
眉纹和黑色过眼纹。

虹膜：褐色。嘴：深灰色。脚：浅橄榄绿色。

栖息于低山丘陵和山脚平原一带的江河沿岸、湖泊、水库、水塘岸边，在干旱草原的水
泡边也有分布。肉食性鸟类，以昆虫、无脊椎动物及小型脊椎动物为食。

白腰杓鹬（yù）

（拉丁学名：*Numenius arquata*）

分类： 鸻（héng）形目 鹬科 杓鹬属

俗名： 麻鹬、大杓鹬、大油老罐子

IUCN 红色名录等级： NT；**中国物种红色名录：** LC

国家保护等级： Ⅱ

形态特征：

成鸟： 喙细长下弯，上体淡褐色具黑褐色纵纹；腰白色，
尾白色具黑色横斑。下体棕白色，具灰褐色纵纹。腹、两胁白色，具黑褐色斑点。
下腹、腋羽、翼下覆羽和尾下覆羽白色。

幼鸟： 羽缘沾棕红色，胸侧具褐色纵纹。

虹膜：褐色。嘴：褐色。脚：青灰色。

栖息于森林和平原的水域附近、河流岸边、沼泽湿地。以小鱼、甲壳类、软体动物、昆虫、
植物种子为食。

黑翅长脚鹬（yù）

（拉丁学名：*Himantopus himantopus*）

分类： 鸻（héng）形目 反嘴鹬科 长脚鹬属
俗名： 长脚娘子、长脚鹬、黑翅高跷
IUCN 红色名录等级： LC；**中国物种红色名录：** LC
形态特征： 嘴细长。

雄鸟： 额、颊、眼先部白色；头顶、后颈黑色，背、
肩及两翼黑色，具绿色光泽；前颈、胸和腹部为白色；
腰和尾上覆羽白色，腋羽白色。

雌鸟： 头、颈全为白色，具褐色斑纹。

虹膜： 红色。**嘴：** 黑色。**脚：** 淡红色。

栖息于近水的草地、湖泊、浅水塘和沼泽地带，以昆虫、小鱼、虾、甲壳类、软体动物等为食。

普通燕鸥

（拉丁学名：*Sterna hirundo*）

分类： 鸻（héng）形目 鸥科 燕鸥属
俗名： 白尾巴根子、白抓、灰鹰
IUCN 红色名录等级： LC；**中国物种红色名录：** LC
形态特征：

繁殖羽： 头顶黑色，背、肩和翅上覆羽灰色。颈、腰、
尾上覆羽和尾部白色，尾深叉形，外侧黑色。下体白
色，胸、腹灰色。初级飞羽暗灰色，外侧羽缘沾灰黑色。尾呈深叉状。

非繁殖羽： 额白色，头顶具黑色及白色杂斑，颈背最黑，上翼及背灰色。

幼鸟： 似非繁殖羽，翅和上体具鳞状斑，前翼具黑色横斑。

虹膜： 褐色。**嘴：** 冬季黑色，夏季嘴基红色。**脚：** 偏红色，冬季较暗。

栖息于平原、草地、荒漠中的湖泊、河流、水塘、沼泽、河口和海岸地带。以小鱼、虾、
甲壳类、昆虫等小型动物为食。

大杜鹃

（拉丁学名：*Cuculus canorus bakeri*）

分类： 鹃形目 杜鹃科 杜鹃属

俗名： 布谷、郭公、获谷、喀咕

IUCN 红色名录等级： LC；**中国物种红色名录：** LC

形态特征：

雄鸟： 上体暗灰色，背部具横斑，两翅暗褐色，翅缘白色，具褐色斑；尾黑色，先端缀白色；尾羽两侧有白点；颏、喉、上胸及头和颈等的两侧均浅灰色，下体余部白色，具黑褐色横斑。

雌鸟： 上体黑褐色与栗色相间成横斑，胸棕色，下体白色密布黑褐色横斑。

幼鸟： 枕部有白色块斑。

虹膜： 黄色。*嘴：* 尖端深色，基部黄色。*脚：* 黄色。

栖息于各种阔叶林、针叶林、混交林、原始森林及次生林。以毛虫及柔软昆虫、甲虫为食。

戴胜

（拉丁学名：*Upupa epops*）

分类： 犀鸟目 戴胜科 戴胜属

俗名： 臭姑姑、担斧、发伞鸟、鸡冠鸟、屎咕咕

IUCN 红色名录等级： LC；**中国物种红色名录：** LC

形态特征： 头顶为棕红色冠羽长，呈扇形，具黑色端斑和白色次端斑。嘴长且下弯。头侧和后颈淡棕色，上背和肩灰棕色。下背黑色有淡棕白色宽横斑。腰白色，两翼及尾具黑白相间的条纹。颏、喉和上胸棕色。腹白色有褐色纵纹。

虹膜： 褐色。*嘴：* 黑色。*脚：* 黑色。

栖息于低山地带，如农田、村舍、林缘、耕地、路边等开阔的地方。以昆虫、蜘蛛、蚯蚓和螺类等为食。

普通翠鸟

（拉丁学名：*Alcedo atthis*）

分类： 佛法僧目 翠鸟科 翠鸟属

俗名： 鱼虎、鱼狗、大翠鸟、蓝翡翠

IUCN 红色名录等级： LC；**中国物种红色名录：** LC

形态特征：

雄鸟： 前额、头顶、枕和后颈黑绿色，具翠蓝色横斑；
眼先和贯眼纹黑褐色；眼后和耳覆羽棕红色，耳后
具白斑；颏、喉白色，胸褐色，腹棕栗色。肩蓝绿色，背至
尾上覆羽翠蓝色；翅上覆羽暗蓝色，具翠蓝色斑纹。

雌鸟： 体羽多蓝色，少绿色。头顶灰蓝色；胸、腹颜色较雄鸟淡。

幼鸟： 上体较少光泽，羽色较淡，多沾褐色，腹中央白色。

 虹膜： 土褐色。**嘴：** 黑色。**脚：** 红色。

 栖息于溪流、河谷、水库、水塘。以小鱼、虾、蝲（là）蛄（gū）等水生动物为食。

第四节 冬候鸟

　　候鸟为随季节变化在繁殖地和越冬地间迁移的鸟类，夏季在该地区繁殖，秋季返回越冬地的鸟为该地的夏候鸟，冬季在该地区越冬，春季迁徙的鸟为该地区的冬候鸟。内蒙古地区的冬候鸟有太平鸟、斑鸫、长耳鸮等。内蒙古地区冬季鸟类主要由留鸟与冬候鸟组成，鸟类的居留型并不是固定不变的，自然环境的变化，尤其是植被状况改变，均会改变鸟类的居留型。

太平鸟

（拉丁学名：*Bombycilla garrulus*）

分类： 雀形目 太平鸟科 太平鸟属

俗名： 连雀、十二黄

IUCN 红色名录等级： LC；**中国物种红色名录：** LC

形态特征： 头部栗褐色，具冠羽；颏、喉、眼先黑色；背羽、肩羽灰褐色；翅膀灰褐色，具白色翼斑；初级飞羽具黄色羽斑。成鸟次级飞羽的羽端具红色点斑。尾尖为黄色。

　　　虹膜： 褐色。**嘴：** 黑色。**脚：** 黑色。

　　栖息于针叶林、针阔叶混交林和杨桦林中。以柏树、油松、野刺玫等植物的种子及昆虫为食。

小鹀（wú）

（拉丁学名：*Emberiza pusilla*）

分类： 雀形目 鹀科 鹀属

俗名： 红脸鹀、高粱头、虎头儿、铁脸儿、花椒子儿、麦寂寂

IUCN 红色名录等级： LC；**中国物种红色名录：** LC

形态特征： 小型鸣禽。繁殖期成鸟上体沙褐色，头具黑色和栗色条纹，眼圈色浅；头侧线和耳羽后缘黑色，背部具暗褐色纵纹。下体白色，胸及两胁具黑色纵纹。尾羽黑褐色，外侧有白斑。冬羽羽色较淡，无黑色头侧线。

　　虹膜： 深红褐色。**嘴：** 灰色。**脚：** 红褐色。

　　栖息于泰加林北部开阔的苔原和苔原森林地带，以及林缘沼泽、草地地带。以植物种子、果实及昆虫等为食。

斑鸫（dōng）

（拉丁学名：*Turdus naumanni*）

分类： 雀形目 鸫科 鸫属

俗名： 斑点鸫、穿草鸡、窜儿鸡、乌斑鸫、傻画眉

IUCN 红色名录等级： LC；**中国物种红色名录：** LC

形态特征： 头顶和背羽暗橄榄褐色，具黑色纵纹；喉、眉纹白色，腹部黑色，具白色鳞状斑纹。下体白色，颈侧、两胁和胸部具黑色斑点；两翅和尾部黑褐色，翅上覆羽和内侧飞羽具宽的棕色羽缘。

　　虹膜： 褐色。**嘴：** 上嘴偏黑色，下嘴黄色。**脚：** 褐色。

　　栖息于林地、开阔田野及城市等。以昆虫及植物果实、种子为食。

白尾鹞（yào）

（拉丁学名：*Circus cyaneus*）

分类： 鹰形目 鹰科 鹞属

俗名： 白尾巴根子、白抓、灰鹰

IUCN 红色名录等级： LC；**中国物种红色名录：** LC

国家保护等级： II

形态特征： 中型猛禽。

　　雄鸟： 上体蓝灰色，头部和胸部较暗，翅尖黑色，尾白色，
　　　　　　腹、两胁和翅下覆羽白色。

　　雌鸟： 上体褐色，领环颜色浅，头部色彩平淡；下体皮黄色具褐色纵纹；尾羽具黑褐色横斑。

　　幼鸟： 似雌鸟，纵纹更明显，翼较短宽。

　　　　虹膜： 浅褐色。**嘴：** 灰色。**脚：** 黄色。

　　栖息于开阔原野、草地及农耕地。以小型鸟类、鼠类、蛙、蜥蜴和大型昆虫等为食。

长耳鸮（xiāo）

（拉丁学名：*Asio otus*）

分类： 鸮形目 鸱（chī）鸮科 耳鸮属

俗名： 长耳猫头鹰、长耳木兔、夜猫子

IUCN 红色名录等级： LC；**中国物种红色名录：** LC

国家保护等级： II

形态特征： 耳羽突出于头上，黑褐色，羽基两侧棕色；
　　　　　　面盘两侧为棕黄色，羽枝松散，前额白褐色相杂。上
　　　　　　体褐色，夹杂有黑褐色羽干纹；下体皮黄色，有黑色羽干纹，
　　　　　　颏白色。

　　　　虹膜： 橙黄色。**嘴：** 角质灰色。**脚：** 偏粉色，被羽。**爪：** 黑褐色。

　　栖息于针叶林、针阔混交林和阔叶林等各种类型的森林中。以啮齿动物、小型哺乳动物和昆虫为食。

赏析——鹤

　　鹤是鹤科鸟类的统称，世界上 15 种鹤中我国分布有 9 种，是拥有鹤种类最多的国家。鹤体态优雅、外观美丽、行踪神秘，深受人们的喜爱，在国人的眼中，它就是高雅长寿、吉祥的象征，也有高尚的品德和清高的志向的寓意；在中国传统文化中，地位很崇高，特别是丹顶鹤，有"仙鹤"之称，常出现在绘画、图案、饰物等艺术创作中，在文化传承、神话故事、文学艺术等多个方面都扮演着重要的角色。

　　在绘画作品中，鹤常与松、竹、梅相结合，松鹤取义"鹤寿松龄""松鹤长春"，象征长寿延年、高年高寿；竹鹤指品行高洁，虚怀若谷；梅鹤有铁骨冰心，不屈不挠之意。这些结合都是艺术家的艺术创作，丹顶鹤为大型涉禽，其足有四趾，三趾在前、一趾在后，后趾很小而高很无力，不能与前三趾形成对握，所以不能上树，它喜欢在湿地活动，栖息于湖沼的滩涂上。

　　在中小学的课本中，鹤也是一个常见的形象，尤其体现在古诗词中，鹤可以说是文人的伴侣，常与雅境相伴，不但象征君子品德，也与文人自我内心的品行追求相一致，也是隐逸与自由的象征。白居易是以鹤为友的诗人代表，白居易的一生，饲鹤、乞鹤、慕鹤、懂鹤，与鹤有着不解之缘，他创作了 23 首咏鹤诗，另有 100 余首诗出现了鹤意象。

《郡西亭偶咏》

唐·白居易

常爱西亭面北林，公私尘事不能侵。

共闲作伴无如鹤，与老相宜只有琴。

莫遣是非分作界，须教吏隐合为心。

可怜此道人皆见，但要修行功用深。

　　诗人通过诗句借鹤以表情志高雅，借以喻示诗人追求卓越和自由自在的精神。抒写了诗人恬淡闲适的心境。

　　白居易爱鹤常与鹤为伴，"三年伴是谁？华亭鹤不去，天竺石相随。"（《求分司东都　寄牛相公十韵》）。即便生病愁困时，他与鹤同病相怜，"同病病夫怜病鹤，精神不损翅翎伤"（《病中对病鹤》）。某天白居易饲养的鹤突然飞翔失踪，他写下"三夜不归笼"（《失鹤》）。不久他外出时幸运地得到了两只幼鹤，还高兴地向好友刘禹锡展示。白居易暮年几乎与鹤形影不离，"伴宿双栖鹤，扶行一侍儿"（《自题小草亭》）；"何似家禽双白鹤，闲行一步亦随身"（《家园三绝》）。

　　没有人比白居易更懂鹤，他与鹤之间的游戏，像是自说自话的独角戏，也是同伴间的幽默对话，比如为鹤代言的《代鹤》《问鹤》《代鹤答》《池鹤八绝句》（《鸡赠鹤》《鹤答鸡》《乌赠鹤》《鹤答乌》《鸢赠鹤》《鹤答鸢》《鹅赠鹤》《鹤答鹅》），诗人幽默又讽刺地借鹤表达了对闲适的田园生活的向往和对仕途沉浮、官场黑暗的厌倦和无奈。

常见哺乳动物

06

第一节　东北区

松鼠

（拉丁学名：*Sciurus vulgaris*）

分类： 啮齿目 松鼠科 松鼠属

俗名： 北松鼠、灰鼠、红松鼠

IUCN 红色名录等级： LC

中国物种红色名录： NT

形态特征： 冬季背毛灰色或灰褐色，长且密，耳端有黑褐
色簇毛，夏季背毛黑色或黑褐色，短而稀，耳端无
簇毛；腹面白色，尾长，毛蓬松棕黑色。

栖息于亚寒带针叶林或针阔混交林。松鼠主要以针叶
树种子、榛子、橡子等坚果为食，也食浆果、植物花、嫩芽、
真菌、苔藓、无脊椎动物及鸟卵等。松鼠取食、储存林木
种子的行为对森林自然更新具有一定作用。

小飞鼠

（拉丁学名：*Pteromys volans*）

分类： 啮齿目 松鼠科 飞鼠属

俗名： 鼯鼠、飞鼠

IUCN 红色名录等级： LC

中国物种红色名录： VU

形态特征： 有滑翔能力，前后肢之间有能滑翔的皮翼，皮翼背面黑色；尾扁呈羽状，毛蓬松，淡棕褐色；眼睛大，向外突，眼周有黑色窄环，触须黑色，背毛灰色，腹部全年白色，冬天背毛呈银灰色。

　　栖息于针阔混交林。以松子、浆果、树枝的嫩芽为食，也食蘑菇，常在秋末储存坚果等食物过冬。

雪兔

（拉丁学名：*Lepus timidus*）

分类： 兔形目 兔科 兔属

俗名： 白兔、变色兔、蓝兔

IUCN 红色名录等级： LC

中国物种红色名录： LC

国家保护等级： II

形态特征： 前腿短后腿长，一年换三次毛，春季白色换到褐色，夏季褐色换到褐色，秋冬褐色换到白色。冬毛仅耳尖和眼眶为黑色。

　　栖息于大兴安岭的落叶松林和针阔混交林。食草动物，以叶子、木材、树皮、茎和苔藓植物为食。

　　雪兔有两种粪便，一种是硬粪便，另一种是软粪便；吃草时排出的硬粪便，休息时排出富集大量维生素和蛋白质的软粪便，软粪便可重新吃掉，来抗寒抗饥。

东北刺猬

（拉丁学名：*Erinaceus amurensis*）

分类： 猬形目 猬科 猬属

俗名： 刺球

IUCN 红色名录等级： LC

中国物种红色名录： LC

形态特征： 体背和体侧布满棘刺，刺黑棕色或
奶白色，逐渐脱落替换；头、尾和腹面
被毛，头白色，尾、腹奶油色；嘴尖长，
鼻眼黑色。受惊朝腹部弯曲，蜷缩成刺球。

刺猬主要栖息于落叶针叶混合林、草原、
丘陵山区和灌木丛。以各种昆虫、软体动物、小型鸟类、鸟蛋、幼鸟、小型蜥蜴和两栖类及野果、
树叶、草根，瓜果、蔬菜、豆类等农作物为食。

豺

（拉丁学名：*Cuon alpinus*）

分类： 肉食目 犬科 豺属

俗名： 亚洲野犬、红狗子、红狼

IUCN 红色名录等级： EN

中国物种红色名录： EN

国家保护等级： Ⅰ

形态特征： 红色或棕色的皮毛，尾尖黑色，耳
朵三角形，耳廓内侧白色或黄褐色，外
侧红褐色。吻部为棕色，鼻子黑色，虹
膜琥珀色。

栖息于原始、次生与退化形式的热带干燥
与湿润的落叶林，常绿与半常绿森林，干燥的
热带旱生林，草原、灌木与森林混合林，以及高山草甸。以有蹄动物、甲虫、鸟类、啮齿类、
草以及其他植物为食。

棕熊

（拉丁学名：*Ursus arctos*）

分类： 食肉目 熊科 熊属

俗名： 灰熊

IUCN 红色名录等级： LC

中国物种红色名录： VU

国家保护等级： Ⅱ

形态特征： 全身毛色棕色或灰色，没有斑纹；脸圆，吻较长，眼睛小，耳小，鼻子突出。肩部高出，尾短隐于毛下。有冬眠习性。

栖息于温带和亚寒带地区的各种森林，温带草原和灌木丛。以植物（包括坚果和浆果）、真菌、蚯蚓、蚂蚁、蜂蜜、鲑鱼、小型哺乳类、有蹄类和家畜为食。

水獭（tǎ）

（拉丁学名：*Lutra lutra*）

分类： 食肉目 鼬科 水獭属

俗名： 獭猫、鱼猫、水狗、水毛子、水猴

IUCN 红色名录等级： NT

中国物种红色名录： EN

国家保护等级： Ⅱ

形态特征： 半水栖食肉兽类，毛致密有光泽，背部咖啡色，腹面灰褐色；鼻孔和耳道有圆瓣，潜水时可关闭，防水入侵；足具蹼。

栖息于湖泊、河流、溪涧及池塘等淡水环境。以鱼类、鸟类、昆虫、青蛙、甲壳类及小型的哺乳动物为食。

紫貂（diāo）

（拉丁学名：*Martes zibellina*）

分类： 食肉目　鼬科　貂属

俗名： 貂鼠、黑貂

IUCN 红色名录等级： LC

中国物种红色名录： EN

国家保护等级： Ⅰ

形态特征： 体毛棕黑色或褐色，头、颈部色较
　　　　　淡，为灰褐色，耳朵色更浅，为浅灰褐色，
　　　　　具黄色或黄白色喉斑；尾大，且毛蓬松；
　　　　　冬毛致密棕褐色，胸部、腹部及体侧色
　　　　　泽一致，呈棕褐色。
　　　　栖息于亚寒带针叶林与针阔叶混交林地带。
以小型鸟兽、啮齿动物、鱼类、昆虫、松籽、浆果、蜂蜜为食。

猞（shē）猁（lì）

（拉丁学名：*Lynx lynx*）

分类： 食肉目　猫科　猞猁属

俗名： 山猫、野狸子、狼猫

IUCN 红色名录等级： LC

中国物种红色名录： EN

国家保护等级： Ⅱ

形态特征： 似猫的猛兽，眼周有较宽的白边，耳尖处长有黑色
　　　　　耸立簇毛，从耳至喉部生有长领毛，两颊具长而下垂的鬃
　　　　　毛；身上点缀深色斑点或条纹，毛色依据季节变化，斑点
　　　　　或条纹夏季较清晰，冬季较暗淡；尾端黑色或褐色。
　　　　栖息于亚寒带针叶林、寒温带针叶阔叶混交林至高寒地带
草甸、草原、灌丛草原及高寒地带荒漠与半荒漠等生境。以小型及中型的有蹄动物为食，也吃
鸟卵、兔、禽类及啮齿类动物。

野猪

（拉丁学名：*Sus scrofa*）

分类： 偶蹄目 猪科 猪属

俗名： 山猪

IUCN 红色名录等级： LC

中国物种红色名录： LC

形态特征： 体型酷似家猪，棕褐色或黑色，被坚硬的针毛，背正脊鬃（zōng）毛黑色，针毛和鬃毛末端分叉；头部较长，吻部较尖，前端形成鼻盘；眼周有长的黑色睫毛。雄兽上下犬齿呈弧形向上翘，称为獠牙，雌性犬齿不形成獠牙。幼猪身上有浅黄色纵纹 6 条，故有"花猪"之称，6 个月后消失。

栖息于阔叶林、森林草地或灌丛湿润地或裸露山地近山脊的灌丛。野猪属杂食性动物，以植物地下的块茎、蕨根，幼嫩树枝、种子、果实、青草及其他动物尸体、昆虫等为食。

原麝（shè）

（拉丁学名：*Moschus moschiferus*）

分类： 偶蹄目 麝科 麝属

俗名： 香獐、山驴子

IUCN 红色名录等级： VU

中国物种红色名录： EN

国家保护等级： I

形态特征： 雌雄均无角，体毛深棕色，背具淡黄色斑点，呈 4~5 纵行排列，越向体后越明显，幼麝斑点更显著；颈部有两条至腋下白纹；尾极短，浅棕色。雄性上犬齿发达，下弯，露出唇外成獠牙。雄性有香腺和香囊，可分泌麝香。

栖息于针叶林、针阔混交林或郁密度较差的阔叶林中。以多种灌木嫩叶为食，嗜苦味，喜食有苦味和发涩的植物，喜食花蕾和花。几乎不食禾本科及其他单子叶植物。

狍（páo）

（拉丁学名：*Capreolus pygargus*）

分类： 偶蹄目 鹿科 狍属

俗名： 西伯利亚狍、矮鹿、野羊

IUCN 红色名录等级： LC

中国物种红色名录： VU

形态特征： 雄性有短而直的角，柄分两叉；雌性无角，在额骨后外侧缘有隆起的崎突。尾短，臀部有白斑。冬毛厚密，背黄褐色，背中线色深，腹部浅黄色；喉部灰色。夏季毛短薄，背部棕黄色，腹部淡黄色，耳内为白色，耳背为棕褐色。幼狍红棕色，背部白色纵斑，臀侧白斑不规则。

栖息于落叶林、针阔混交林及森林草原。植食性动物，以草本植物或灌木的嫩枝、芽、叶子、花、小浆果、蘑菇和地衣为食，经常舔盐。

驼鹿

（拉丁学名：*Alces alces*）

分类： 偶蹄目 鹿科 驼鹿属

俗名： 麋、犴、罕达犴、堪达犴

IUCN 红色名录等级： LC

中国物种红色名录： EN

国家保护等级： Ⅰ

形态特征： 反刍动物，肩部隆起似驼峰；黑棕色，具鬃（zōng）毛，腹部毛色较黑，夏毛比冬毛色浅。脸较长，颈短，鼻子肥大并略下垂，上唇膨大而延长，喉部下面有胡须状肉垂。尾短，雄兽有角，呈扁平的铲子状，分叉数与年龄相关。鼻子有脂肪垫和肌肉，喝水会关闭鼻孔，防止进水。

栖息于水源较多的灌丛、针叶林和针阔混交林中。以草、树叶、嫩枝以及睡莲、浮萍等水生植物为食，喜舔食盐碱。

赏析——五灵脂

中药，是在汉族传统医术指导下应用的药物，中药主要由植物药、动物药和矿物药组成。动物药包括动物的内脏、皮、骨、器官等，也包括动物的粪便。它们经过特定的炮制后，便成了疗效显著的药物；为了便于病人接受，它们便有了委婉的"雅称"。

五灵脂为鼯鼠科动物复齿鼯鼠和飞鼠等的干燥粪便。从这些鼯鼠栖息的山野悬崖石洞中、悬崖较平坦的石面上或树洞中收集，除去杂质，晒干而成。四季均可采集，春季采的品质较佳。含有大量树脂、尿酸及维生素 A 类物质，能活血、化瘀、止痛、止血。主治心腹血气诸痛、妇女闭经、产后瘀血作痛、妇女血崩、经水过多、赤带等症。

主要分两类：一类为灵脂块，又名糖灵脂，系鼯鼠类的粪与尿凝结而成，呈不规则的块状，质较硬；表面黑棕色、红棕色或灰棕色，凹凸不平，呈油润光泽；气腥臭，味苦。以块状、黑棕色有光泽、油润而无杂质者为佳。另一类为灵脂米，又名散灵脂，为长椭圆状颗粒，两端钝圆；表面黑棕色、红棕色或灰棕色，平滑或微粗糙，略具光泽；质轻而松，易折断；品质较灵脂块为差。

除五灵脂外，望月砂也是动物粪便入药的中药材。望月砂为野兔的干燥粪便，称为"望月砂"，它的名字来源于嫦娥奔月，玉兔相伴的美丽传说。在野草丛下搜集，拣净晒干即可。含尿素、尿酸、甾类、维生素 A 类物质，有杀虫解毒、明目退翳的功效，主治目翳、痔漏、疳积及疳疮等；四季均可采集。

中医药学是中华民族的国粹，是中国古代科学的瑰宝，是中华民族的伟大创造，也是打开中华文明宝库的钥匙。它饱含中华民族几千年的健康养生理念及其实践经验，是长期的医疗实践中积累的宝贵经验总结形成的理论体系。

第二节　华北区

达乌尔黄鼠

（拉丁学名：*Spermophilus dauricus*）

分类： 啮齿目 松鼠科 黄鼠属

俗名： 大眼贼、达斡尔黄鼠、草原黄鼠

IUCN 红色名录等级： LC

中国物种红色名录： LC

形态特征： 头大、眼大、耳廓退化，有颊囊。成
　　　　　体被毛为深黄褐色，额部、头部颜色较深，
　　　　　颈部、腹部为浅白色，颌部和眼周均为白
　　　　　色。四肢、足背面是黄色夏毛比冬毛色深。
　　　　　幼鼠毛色黯淡。

　　　　栖息于干草原和荒漠草原。以植物根茎、种子及昆虫为食。

五趾跳鼠

（拉丁学名：*Allactaga sibirica*）

分类： 啮齿目 跳鼠科 五趾跳鼠属

俗名： 跳兔、硬跳儿、驴跳

IUCN 红色名录等级： LC

中国物种红色名录： LC

形态特征： 体色褐色，体侧较淡，腹部、唇部、四肢内侧和
　　　　　足背面和前臂为纯白色；头圆，眼大，耳长，耳基部
　　　　　外侧有 1 白斑；后肢长前肢短，尾长比体长，尾端为
　　　　　上段黑色末端白色毛穗，毛穗后有白色环带。

　　　　栖息于地带性荒漠化草原、沙漠、戈壁、较湿润的林地、
石质山地、盐化灌丛。杂食性啮齿动物，以绿色植物茎、叶
及少量昆虫为食。

大仓鼠

（拉丁学名：*Tscherskia triton*）

分类： 啮齿目 仓鼠科 仓鼠属

俗名： 大腮鼠、灰仓鼠

IUCN 红色名录等级： LC

中国物种红色名录： LC

形态特征： 背毛深灰色，背中央无
黑色条纹，体侧较淡，腹部
与四肢内侧白色；后脚背面
纯白色，尾尖白色。具颊囊。
幼体毛色深，黑灰色。

栖息于草原、农田和林缘地带。以植物绿色部分、种子、草籽及昆虫等为食。

大林姬鼠

（拉丁学名：*Apodemus peninsulae*）

分类： 啮齿目 鼠科 姬鼠属

俗名： 林姬鼠、山耗子

IUCN 红色名录等级： LC

中国物种红色名录： LC

形态特征： 尾长有尾环，夏毛背部黑赭色，冬毛
背部灰黄色。腹部和四肢内侧比背部毛色
淡。尾上面褐棕色，下面白色。足背和下
颌均为白色。耳较大。

栖息于针阔混交林中，阔叶疏林、杨桦林及
农田中。以植物种子、果实及昆虫为食。

蒙古兔

（拉丁学名：*Lepus tolai*）

分类： 兔形目　兔科　兔属

俗名： 野兔、中亚兔、草原兔

IUCN 红色名录等级： LC

形态特征： 背部沙黄色，腹部白色，头部颜色较深，臀部色浅，为沙灰色；两侧颊部各有一圆形浅色毛圈，眼周白色。耳长，有黑尖，内侧有白毛。尾背中间为黑褐色，两边白色，尾腹面为纯白色。冬毛长而蓬松，有细长的白色针毛，伸出毛被外方。夏毛色深，为淡棕色。

栖息于荒漠、半荒漠平原。以青草、树苗、嫩枝、树皮及各种农作物、蔬菜、种子为食。

狼

（拉丁学名：*Canis lupus*）

分类： 食肉目　犬科　犬属

俗名： 野狼、灰狼

IUCN 红色名录等级： LC

中国物种红色名录： VU

形态特征： 形似家犬，体色灰黄色，腹部及四肢内侧灰白色；耳尖且直竖；唇部黑色，尾尖黑色。

栖息于苔原、草原、森林、荒漠、农田等多种生境。以野生和家养有蹄类动物及鸟类、两栖类和昆虫等小型动物为食。

黄鼬（yòu）

（拉丁学名：*Mustela sibirica*）

分类： 食肉目 鼬科 鼬属

俗名： 黄鼠狼

IUCN 红色名录等级： LC

中国物种红色名录： NT

形态特征： 雄性体型较雌性大，体
细长，腿短，头细颈长，肛
门腺发达（臭腺）。冬毛背
部棕色，腹部黄褐色，面斑
暗褐色，吻鼻部与下颌毛白
色。夏毛色深。

栖息于茂密的原始与次生的落叶林、针叶林与针阔混交林、干草原、致密草原、植被覆盖
的矮树丛林、湿地、开阔的草地。以鼠类、两栖类和昆虫为食，也吃浆果、坚果等。

亚洲狗獾（huān）

（拉丁学名：*Meles leucurus*）

分类： 食肉目 鼬科 狗獾属

俗名： 山獾、獾八狗子

IUCN 红色名录等级： LC

中国物种红色名录： CR

形态特征： 穴居动物，黑棕色掺杂白色，吻鼻长，
鼻端粗钝，具鼻垫，面部具三道白色纵纹，
耳缘除中间为黑色外，为纯白色。

栖息于森林中或山坡灌丛、田野、坟地、
沙丘草丛及湖泊、河溪旁边等各种环境中。杂
食性动物，以植物的根、茎、果实及蛙、蚯蚓、
小鱼、沙蜥、昆虫和小型哺乳类动物为食。

豹猫

（拉丁学名：*Prionailurus bengalensis*）

分类： 食肉目 猫科 豹猫属

俗名： 狸猫、狸子、铜钱猫、石虎、麻狸、山狸、野猫

IUCN 红色名录等级： LC

中国物种红色名录： VU

国家保护等级： Ⅱ

形态特征： 体色棕灰色，背上有棕褐色斑纹，腹部色淡；眼圆，耳长，耳后中部有白色块斑。额部有四条黑纹，内侧两条延伸至尾基部，外侧两条逐渐扩大至肩后；尾长有环纹。眼上下缘均具白色条纹，鼻吻部白色。

栖息于丘陵、低山、平原、旷野、沼泽、湖岸溪谷、山地林区的山谷密林中。肉食性兽类，以啮齿动物、鸟类、蛙、蛇、蜥蜴、植物果实等为食。

雪豹

（拉丁学名：*Panthera uncia*）

分类： 食肉目 猫科 豹属

俗名： 草豹、艾叶豹、荷叶豹、打马热

IUCN 红色名录等级： VU

中国物种红色名录： CR

国家保护等级： Ⅰ

形态特征： 体色灰白色，满布黑斑，头部斑小且密，体后斑呈环状，越往后黑环越大，四肢外侧黑环内灰白色，身体上黑环中有黑点；尾尖黑色，腹部白色。虹膜黄绿色，瞳孔圆状，舌面有倒刺。

栖息于永久冰雪高山裸岩及寒漠带。以岩羊、北山羊、盘羊等高原动物及啮齿动物和鸟类为食。

10 月 23 日为世界雪豹日。

中华斑羚（líng）

（拉丁学名：*Naemorhedus griseus*）

分类： 偶蹄目　牛科　斑羚属

俗名： 青羊、野山羊、岩羊

IUCN 红色名录等级： VU

中国物种红色名录： EN

国家保护等级： Ⅱ

形态特征： 被毛褐色，头顶具深色短冠毛，具背纹；四肢色
　　　　浅；喉部浅色斑，颏深色，腹部浅灰色，尾有丛毛。
　　　　幼体头顶冠毛较浅，四肢末端为奶油色。雌雄均有角，
　　　　雄性较长，除角尖外具横棱。

　　栖息于山地针叶林、针阔混交林和常绿阔叶林中。极善
于在悬崖峭壁上跳跃、攀登。以各种青草和灌木的嫩枝叶、
果实等为食。

赏析——兔

兔在中国文化中是美好、善良、温顺的象征，也是十二生肖之一，是传统的吉祥物之一，有"瑞兔"之称。兔善跳跃、跑得快，繁殖力强、行动敏捷，在神话传说、诗词歌赋、绘画艺术、文物作品中频繁出现，被赋予美好、多子、吉祥、长寿的寓意。

《古朗月行》

唐·李白

小时不识月，呼作白玉盘。

又疑瑶台镜，飞在白云端。

仙人垂两足，桂树何团团。

白兔捣药成，问言与谁餐？

蟾蜍蚀圆影，大明夜已残。

羿昔落九乌，天人清且安。

阴精此沦惑，去去不足观。

忧来其如何？凄怆摧心肝！

月中玉兔是中国的神话故事，月中有仙人、桂树、玉兔、嫦娥、蟾蜍；诗人运用神话传说，通过丰富的想象，写出了月亮初生时逐渐明朗和宛若仙境般的景致。

神话故事是梦想，寄托着人们对月亮探究的渴望，2004 年月球探测工程启动，命名为"嫦娥工程"；中国首辆月球车名称为"玉兔号"；实现了"嫦娥奔月""玉兔探月"的梦想。中国探月航天形象"兔星星"，寓意"玉兔巡月，扬帆星河"，表达了其太空特质和初心使命，体现了传统文化与航天科技的融合，寄托着中华民族千百年来的探月梦想，表达着新时代中国航天向宇宙深空进发的豪情愿景。

第三节　蒙新区

蒙古旱獭（tǎ）

（拉丁学名：*Marmota sibirica*）

分类： 啮齿目　松鼠科　旱獭属

俗名： 草原旱獭、西伯利亚旱獭、塔尔巴干

IUCN 红色名录等级： EN

中国物种红色名录： LC

形态特征： 地栖啮齿动物，体型肥壮，呈扁圆筒形；背部褐色；腹部棕色，额部黑色，尾短。

　　栖息于山区或丘陵草原地带。以植物的绿色部分、嫩根及种子为食。

沙狐

（拉丁学名：*Vulpes corsac*）

分类： 食肉目　犬科　狐属

俗名： 东沙狐

IUCN 红色名录等级： LC

中国物种红色名录： VU

国家保护等级： Ⅱ

形态特征： 冬毛背部浅红褐色，腹部呈淡黄色；颊部较暗，耳大宽阔，耳背和四肢外侧灰棕色，腹部和四肢内侧为白色，尾末端半段呈灰黑色。夏毛淡红色。

　　栖息于干草原、荒漠和半荒漠地带。肉食性，以啮齿类动物为主食物，鸟类和昆虫次之。

赤狐

（拉丁学名：*Vulpes vulpes*）

分类： 食肉目 犬科 狐属

俗名： 红狐、草狐、南狐、火狐、银狐、十字狐

IUCN 红色名录等级： LC

中国物种红色名录： NT

国家保护等级： Ⅱ

形态特征： 背毛棕红色，喉、胸和腹部色淡，耳背和四肢外侧黑色，尾粗大蓬松，尾尖白色。吻尖而长；耳尖且直立。具尾腺，可散发狐臭味。

　　栖息于森林、草原、荒漠、高山、丘陵、平原及村庄附近。以旱獭及鼠类为食，也吃野禽、蛙、鱼、昆虫、野果和农作物等。

兔狲（sūn）

（拉丁学名：*Otocolobus manul*）

分类： 食肉目 猫科 兔狲属

俗名： 洋猞猁、乌伦、玛瑙

IUCN 红色名录等级： LC

中国物种红色名录： EN

国家保护等级： Ⅱ

形态特征： 被毛浓密，背部棕黄色，具数条黑色细横纹，腹部色淡，冬毛长，具浅色霜斑，夏毛色更深，常淡红色调。圆形瞳孔，眼角白色；颊部有两条细黑纹；下颏白色。尾圆粗，有黑色细纹，尾尖黑色。

　　栖息于荒漠、半荒漠、草原、山丘和戈壁等生境。以啮齿类动物为食，偶尔捕食小型鸟类、野兔、刺猬、爬行动物和无脊椎动物等。

荒漠猫

（拉丁学名：*Felis bieti*）

分类： 食肉目 猫科 猫属

俗名： 漠猫、中国山猫

IUCN 红色名录等级： VU

中国物种红色名录： CR

国家保护等级： Ⅰ

形态特征： 中国特有物种，背部黄灰色，夹杂深褐色，背脊
　　　　　　红棕色；耳有暗红色耳簇，眼睛浅蓝灰色，鼻尖呈红色，
　　　　　　尾长具尾环，尾尖黑色。

　　　　栖息于高山草甸、高山灌丛、针叶林林缘、草本草甸和
干草原。以小型啮齿类动物和鸟类、蝙蝠等为食。

蒙古野驴

（拉丁学名：*Equus hemionus*）

分类： 奇蹄目 马科 马属

俗名： 野驴

IUCN 红色名录等级： NT

中国物种红色名录： EN

国家保护等级： Ⅰ

形态特征： 颈背具短鬃，颈的
　　　　　　背侧、肩部、背部为浅黄
　　　　　　棕色，背脊棕褐色；颈下、
　　　　　　胸部、腹部、体侧黄白色。
　　　　　　冬毛色浅。

　　　　栖息于开阔草甸和荒漠草
原、半荒漠、荒漠和山地荒漠带。
以禾本科、莎草科和百合科草类为食。

野骆驼

（拉丁学名：*Camelus ferus*）

分类： 偶蹄目 骆驼科 骆驼属

俗名： 野生双峰驼

IUCN 红色名录等级： CR

中国物种红色名录： EN

国家保护等级： Ⅰ

形态特征： 反刍动物，体色褐色，股部色最深，背有两个驼峰；颈部长且向上弯曲；头较小，耳短；睫毛长且密，双重眼睑；鼻孔内有瓣膜。上唇成两瓣，蹄大，尾较短，尾毛较稀。

栖息于干草原、山地荒漠半荒漠和干旱灌丛地带。以草、树叶和谷物为食，喜食干、带刺且咸苦的植物。

蒙原羚（líng）

（拉丁学名：*Procapra gutturosa*）

分类： 偶蹄目 牛科 原羚属

俗名： 黄羊、黄羚、蒙古原羚、蒙古瞪羚、蒙古羚

IUCN 红色名录等级： LC

中国物种红色名录： VU

国家保护等级： Ⅰ

形态特征： 反刍动物。雄性角较短弯向后方再转向上，具等距棱环；雌性无角，额部仅有两个隆起。夏毛较短，背部橙黄色，侧面为黄棕色，腹部和臀斑为白色，尾色深。冬毛密厚而脆，毛色浅。耳长而尖。善于跳跃和奔跑。

栖息于半干旱的草原及半荒漠地区。以蒿属、豆科、禾本科、百合科、莎草科植物为食。

鹅喉羚（líng）

（拉丁学名：*Gazella subgutturosa*）

分类： 偶蹄目 牛科 羚羊属

俗名： 长尾黄羊

IUCN 红色名录等级： VU

中国物种红色名录： EN

国家保护等级： II

形态特征： 雄性喉部有甲状腺肿，形似鹅喉，
故称鹅喉羚。雄性具角，角上有环棱，
棱数随年龄增加；雌性无角，额部有隆
起。背部黄棕色，胸部、腹部及四肢内
侧为白色。上唇到眼角被白毛。

栖息于干燥荒凉的沙漠和半沙漠地区。以荒漠中的猪毛菜属、雅葱属、蒿属及禾本科、藜
科植物为食。

盘羊

（拉丁学名：*Ovis ammon*）

分类： 偶蹄目 牛科 盘羊属

俗名： 大角羊、大头弯羊、大头羊、蟠羊、盘角子

IUCN 红色名录等级： NT

中国物种红色名录： EN

国家保护等级： II

形态特征： 雌雄均有角，雄性角粗大，布满环棱，螺旋状弯曲；
雌性角细短，弯曲度较小。雄性夏毛棕色；雌性毛色
较暗，夏毛灰褐色，冬毛深灰色。胸、腹部、四肢内
侧和臀部为白色。

栖息于沙漠、草原和山地交界的冲积平原和山地低谷中。
以草、药草、莎草、嫩枝、叶子、谷物和坚果为食。

岩羊

（拉丁学名：*Pseudois nayaur*）

分类： 偶蹄目 牛科 岩羊属

俗名： 石羊、蓝羊、崖羊、野羊、w、青羊

IUCN 红色名录等级： LC

中国物种红色名录： VU

国家保护等级： Ⅱ

形态特征： 雌雄均有角，雄性角粗大，角间距宽，
向后外侧弯曲；雌性角细短。颌下无须，唇
部白色，背部灰青色，腹部和四肢内侧为白色，
体侧有黑纹，四肢外侧有黑色条纹；蹄侧具
有一个圆形白斑。

栖息于高山上的开阔草坡处。以草本植物和地
衣为食，常啃食含盐多的泥土以补充盐分。

赏析——骆驼

　　蒙古草原古老的游牧民族将马、牛、骆驼、绵羊和山羊称为草原五畜，其中骆驼被尊称为"五畜之王"，骆驼稳重、顽强、坚韧、耐寒、耐渴、耐饥、耐劳，被视作吉祥和深情的象征。骆驼全身都是宝，肉和毛皮都是牧民赖以生存的必需品。

　　骆驼最能适应极端气候，耐饥渴、善行走使其有"沙漠之舟""旱地之龙"的赞誉，是古丝绸之路上最主要的运输工具，骆驼的这种能力使中东沙漠地带和亚洲大草原上的贸易发生了革命性的变化，使之成为古丝绸之路的不朽象征。胡适先生就曾将徽商称为"徽骆驼"，比喻徽商肯于吃苦、勇于进取的精神，在历史的长河中，有很多赞美骆驼品质的文学和艺术作品，如诗词歌赋、书法绘画、陶瓷工艺等。

《骆驼》

现代·郭沫若

骆驼，你，沙漠的船，你，有生命的山！

在黑暗中，你昂头天外，导引着旅行者走向黎明的地平线。

暴风雨来时，旅行者紧紧依靠着你，渡过了艰难。

高贵的赠品呵，生命和信念，忘不了的温暖。

春风吹醒了绿洲，贝拉树垂着甘果，到处是草茵和醴（lǐ）泉。

优美的梦，象粉蝶翩（pián）跹（xiān），看到无边的漠地化为了良田。

看啊，璀璨的火云已在天际弥漫，长征不会有歇脚的一天。

纵使走到天尽头，天外也还有家园。

骆驼，你星际火箭，你，有生命的导弹！

你给予了旅行者以天样的大胆。你请导引着向前，永远，永远！

　　诗中用骆驼来象征伟大的中国共产党和人民领袖，团结带领全国各族人民战胜各种困难，从黑暗走向黎明，并永不停步地进行新的长征。热情赞美斗争中的先行者，歌唱不屈的意志，歌唱向着未来的坚韧长征。

07

拓展游戏

采集脚印

野生动物行踪隐蔽，它们的足迹不但可以追踪行踪，也是辨认物种的证据。如果遇到了动物的足迹，可以采集脚印留作永久纪念。

材料用品

石膏粉、清水、纸板、烧杯、搅拌棒。

方法步骤

1. 找到清晰的动物足迹，清除足迹上的杂物，用纸围成适合足迹大小和高度的围栏，插入足迹周围的土中，确保纸圈与地面之间没有空隙。

2. 将石膏粉和清水按照 5：3 的比例将石膏粉边搅拌边倒入水中，调制石膏液。

3. 将石膏液由低到高，轻轻灌入足迹至灌满后高出约 1 厘米为止。

4. 20 分钟后，石膏凝固，小心取出，清除黏附的泥土，做好采集记录。

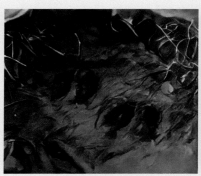

注意事项

石膏液的浓度是影响足迹成型的关键因素，太稀影响足迹特征，太稠凝固过快，且不可以再加水搅拌，二次加水后石膏不能凝固，会使足迹遭到破坏。

石膏液灌注时要一次性倒满足迹，切勿停顿。

原理

熟石膏（$CaSO_4 \cdot 0.5H_2O$）溶于水具有可塑性，会快速凝固、硬化，转化为生石膏（$CaSO_4 \cdot 2H_2O$），变形小。

老鹰捉小鸡

鹰，肉食性鸟类，常捕捉家禽为食。老鹰抓小鸡的游戏为多人互动游戏，不仅能锻炼身体，提高灵活性和协调性，还可以锻炼和培养集体互助意识。

游戏规则

1. 一人做老鹰，一人做鸡妈妈，其余人牵住鸡妈妈的衣服排成一排跟在鸡妈妈身后做小鸡。
2. 老鹰要捉最后那只小鸡，鸡妈妈要阻拦老鹰，保护小鸡，并保证小鸡不脱离队伍。
3. 鸡妈妈不能拉拽老鹰，老鹰不能接触鸡妈妈。
4. 如果小鸡被捉，鸡妈妈换做老鹰，老鹰成为最后一只小鸡。
5. 如小鸡散开，即为一次游戏结束。

松鼠与大树

　　森林中，松鼠居住在大树洞里，大树洞保护着小松鼠，使它很难被发现，但是森林也时常会被打扰，松鼠和大树该怎么办呢？

　　将队伍按三人一组分成若干小组；两个人双手相握举过头顶，搭成树洞，一人蹲在树下做松鼠。

　　所有组员根据口令做出反应重组，未在规定时间内完成重组队员接受惩罚。

口令：

"咚咚咚""怎么了"；

"猎人来了"：大树不动，松鼠动，离开原本树洞，重新找树洞躲起来。

"着火了"：松鼠不动，大树动，两两拆散重组大树，并保护松鼠。

"地震了"：大树、松鼠都动，分别重组，组成新的树洞，保护新的松鼠。

注意事项

　　打乱重组时，不能选择相邻两侧的伙伴重组；如人员刚好组队后有剩余，可按数量组成松鼠或大树。跑动时注意安全；不可暴力争抢。

IUCN 红色名录濒危等级体系

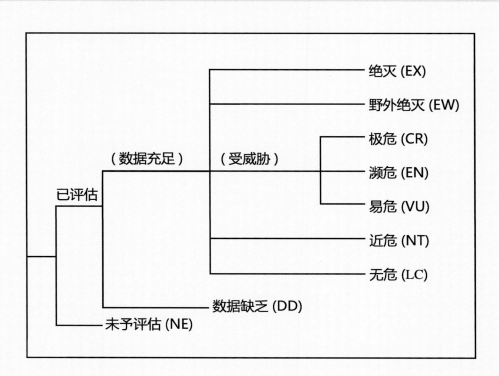

IUCN 红色名录濒危等级含义

等级	英文	缩写	含义
绝灭	Extinct	EX	没有理由怀疑其最后一个个体已经死亡的分类单元即为绝灭。
野外绝灭	Extinct in the Wild	EW	该分类单元只生活在栽培、圈养条件下或者只作为自然化种群（或种群）生活在远离其过去的栖息地时，即认为该分类单元属于野外绝灭。
极危	Critically Endangered	CR	该分类单元的野生种群面临即将灭绝的概率非常高即列为极危。
濒危	Endangered	EN	该分类单元未达到极危标准，但是其野生种群在不久的将来面临灭绝的概率很高，即列为濒危。
易危	Vulnerable	VU	该分类单元未达到极危或者濒危标准，但是在未来一段时间内，其野生种群面临灭绝的概率较高，即列为易危。
近危	Near Threatened	NT	该分类单元未达到极危、濒危或者易危标准，但是在未来一段时间内，接近符合或可能符合受威胁等级，该分类单元即列为近危。
无危	Least Concern	LC	该分类单元被评估未达到极危、濒危、易危或者近危标准，该分类单元即列为无危。
数据缺乏	Data Deficient	DD	没有足够的资料来直接或者间接地根据该分类单元的分布或种群状况来评估其灭绝的危险程度时。
未予评估	Not Evaluated	NE	该分类单元未经应用本标准进行评估。

极危、濒危及易危的标准

极危（CR）

当一分类单元面临即将绝灭的概率非常高，即符合以下（A—E）的任何一条标准时，该分类单元即列为极危。

A. 种群数以如下任何一种形式减少：

1. 根据（和特别由于）以下任何一方面资料，观察、估计、推断或者猜测，过去10年或者3个世代内（取更长的时间），其减少原因明显可逆并可理解而且已经终止，种群数至少减少90%：

    a. 直接观察；

    b. 适合该分类单元的丰富度指数；

    c. 占有面积、分布区的缩小和／或栖息地质量的衰退；

    d. 实际或者潜在的开发水平；

    e. 由于引进外来生物、杂交、疾病、污染、竞争者或者寄生生物带来的不利影响。

2. 根据（和特别由于）A1以下（a）—（e）任何一方面的资料，观察、估计、推测或猜测在过去10年或者3个世代内（取更长的时间），其减少或减少因素可能还没停止或被理解或可逆，该分类单元将至少减少80%。

3. 根据（和特别由于）A1以下（b）—（e）任何一方面的资料，设想或猜测在今后10年或者3个世代内（取更长的时间，最大值为100年），该分类单元将至少减少80%。

4. 根据（和特别由于）A1以下（a）—（e）任何一方面的资料，观察、估计、推测或猜测在任何10年（包括过去和将来）或者3个世代内（取更长的时间，最大值为100年），其减少或减少因素还没停止，该分类单元将至少减少80%。

B. 符合B1（分布区）、B2（占有面积）其中之一或同时符合两者的地理范围：

1. 估计一分类单元的分布区少于100平方千米，并且估计符合以下a—c中的任何两条：

    a. 严重分割或者已知只有一个地点；

    b. 观察、推断或者设想以下任何一方面持续衰退：

        (i) 分布区

        (ii) 占有面积

        (iii) 栖息地的面积、范围和／或质量

        (iv) 地点或亚种群的数目

        (v) 成熟个体数；

c. 以下任何一方面发生极度波动：

(i) 分布区

(ii) 占有面积

(iii) 地点或亚种群的数目

(iv) 成熟个体数。

2. 估计一分类单元的占有面积少于 10 平方千米，并且估计符合以下 a—c 中的任何两条：

a. 严重分割或者已知只有一个地点；

b. 观察、推断或者设想以下任何一方面持续衰退：

(i) 分布区

(ii) 占有面积

(iii) 栖息地的面积、范围和／或质量

(iv) 地点或亚种群的数目

(v) 成熟个体数；

c. 以下任何一方面发生极度波动：

(i) 分布区

(ii) 占有面积

(iii) 地点或亚种群的数目

(iv) 成熟个体数。

C. 估计种群的成熟个体数少于 250，并且符合如下任何一条标准：

1. 预计今后 3 年或者一个世代内（取更长的时间，最大值为 100 年），成熟个体数将持续至少减少 25%，或者

2. 观察、设想或者推断成熟个体数和种群结构以如下任何一种形式（a—b）持续衰退：

a. 种群结构符合以下任何一条

(i) 估计不存在成熟个体数超过 50 的亚种群，或者

(ii) 至少 90% 的成熟个体存在于一个亚种群中；

b. 成熟个体数极度波动。

D. 推断种群的成熟个体数少于 50。

E. 定量分析表明今后 10 年或者 3 个世代内（取更长的时间，最大值为 100 年），野外绝灭的概率至少达到 50%。

濒危（EN）

当一分类单元未达到极危标准，但是其野生种群在不久的将来面临绝灭的概率很高，即符合以下标准（A–E）中任何一条标准时，该分类单元即列为濒危：

A. 种群数以如下任何一种形式减少：

1. 根据（和特别由于）以下任何一方面资料，观察、估计、推断或者猜测，过去10年或者3个世代内（取更长的时间），其减少原因明显可逆、可被认识、并已终止，种群数至少减少70%：

    a. 直接观察

    b. 适合该分类单元的丰富度指数

    c. 占有面积、分布区的缩小和／或栖息地质量的衰退

    d. 实际或者潜在的开发水平

    e. 由于引进的外来生物、杂交、疾病、污染、竞争者或者寄生生物所带来的不利影响；

2. 根据（和特别由于）A1以下（a）–（e）任何方面的资料，观察、估计、推断或者猜测，过去10年或者3个世代内（取更长的时间），其减少原因可能还未终止或被认识或可逆，种群数至少减少50%；

3. 根据（和特别由于）A1以下（b）–（e）任何方面的资料，推断或者猜测，今后10年或者3个世代内（取更长的时间，最大值为100年），种群数至少减少50%；

4. 根据（和特别由于）A1以下（a）–（e）任何方面的资料，观察、估计、推断或者猜测，包括过去和将来的任何10年或者3个世代内（取更长的时间，最大值为100年），其减少原因可能还未终止，种群数至少减少50%。

B. 符合B1（分布区）、B2（占有面积）其中之一或同时符合两者的地理范围：

1. 估计一分类单元的分布区少于5 000平方千米，并且估计符合以下条件a–c中的任何两条：

    a. 严重分割或者已知只有5个地点；

    b. 观察、推断或者设想以下任何一方面持续衰退：

        （i）分布区

        （ii）占有面积

        （iii）栖息地的面积、范围和／或质量

        （iv）地点或亚种群的数目

        （v）成熟个体数；

    c. 以下任何一方面发生极度波动：

        （i）分布区

        （ii）占有面积

        （iii）地点或亚种群的数目

        （iv）成熟个体数。

2. 估计一分类单元的占有面积少于 500 平方千米，并且估计符合以下条件 a–c 中的任何两条：

   a. 严重分割或者已知只有 5 个地点；

   b. 观察、推断或者设想以下任何一方面持续衰退：

      (i) 分布区

      (ii) 占有面积

      (iii) 栖息地的面积、范围和／或质量

      (iv) 地点或亚种群的数目

      (v) 成熟个体数；

   c. 以下任何一方面发生极度波动：

      (i) 分布区

      (ii) 占有面积

      (iii) 地点或亚种群的数目

      (iv) 成熟个体数。

C. 推断种群的成熟个体数少于 2 500，并且符合如下任何一条标准：

1. 预计 5 年或者 2 个世代内（取更长的时间，最大值为 100 年），成熟个体数将持续至少减少 20%，或者

2. 观察、设想或者推断成熟个体数和种群结构以如下（a–b）至少一种形式持续衰退：

   a. 种群结构符合以下任何一条：

      (i) 推测不存在成熟个体数超过 250 的亚种群，或者

      (ii) 至少有 95% 的个体都存在于一个亚种群中；

   b. 成熟个体数极度波动。

D. 推断种群的成熟个体数少于 250。

E. 定量分析表明今后 20 年或者 5 个世代内（取更长的时间，最大值为 100 年），野外绝灭的概率至少达到 20%。

易危（VU）

当一分类单元未达到极危或濒危标准，但是在未来一段时间后，其野生种群面临绝灭的概率较高，即符合以下任何一条标准（A—E）时，该分类单元即列为易危。

A. 种群数以如下任何一种形式减少：

1. 根据（和特别由于）以下任何一方面资料，观察、估计、推断或者猜测，过去10年或者3个世代内（取更长的时间），其减少原因明显可逆、可被认识、并已终止，种群数至少减少50%：

    a. 直接观察

    b. 适合该分类单元的丰富度指数

    c. 占有面积、分布区的缩小和／或栖息地质量的衰退

    d. 实际或者潜在的开发水平

    e. 由于引进的外来生物、杂交、疾病、污染、竞争者或者寄生生物所带来的不利影响；

2. 根据（和特别由于）A1以下（a）-（e）任何方面的资料，观察、估计、推断或者猜测，过去10年或者3个世代内，其减少原因可能还未终止或被认识或可逆，种群数至少减少30%；

3. 根据（和特别由于）A1以下（b）-（e）任何方面的资料，推断或者猜测，今后10年或者3个世代内（取更长的时间，最大值为100年），其减少原因可能还未终止或被认识或可逆，种群数至少减少30%；

4. 根据（和特别由于）A1以下（a）-（e）任何方面的资料，观察、估计、推断或者猜测，包括过去和将来任何10年或者3个世代内（取更长的时间，最大值为100年），其减少原因可能还未终止，种群数至少减少30%。

B. 符合 B1（分布区）、B2（占有面积）其中之一或同时符合两者的地理范围：

1. 估计一分类单元的分布区少于20 000平方千米，并且估计符合以下条件中的任何两条：

    a. 严重分割或者已知只有10个地点；

    b. 观察、推断或者设想以下任何一方面持续衰退：

        （i）分布区

        （ii）占有面积

        （iii）栖息地的面积、范围和／或质量

        （iv）地点或亚种群的数目

        （v）成熟个体数；

c. 以下任何一方面发生极度波动：

(i) 分布区

(ii) 占有面积

(iii) 地点或亚种群的数目

(iv) 成熟个体数。

2. 估计一分类单元的占有面积少于 2 000 平方千米，并且估计符合以下条件中的任何两条：

a. 严重分割或者已知只有 10 个地点；

b. 观察、推断或者设想以下任何一方面持续衰退：

(i) 分布区

(ii) 占有面积

(iii) 栖息地的面积、范围和／或质量

(iv) 地点或亚种群的数目

(v) 成熟个体数；

c. 以下任何一方面发生极度波动：

(i) 分布区

(ii) 占有面积

(iii) 地点或亚种群的数目

(iv) 成熟个体数。

C. 推断种群的成熟个体数少于 10 000，并且符合如下任何一条标准：

1. 预计今后 10 年或者 3 个世代内（取更长的时间，最大值为 100 年），成熟个体数将持续至少减少 10%，或者

2. 观察、设想或者推断成熟个体数和种群结构以如下至少一种形式（a—b）持续衰退：

a. 种群结构符合以下任一形式：

(i) 估计不存在成熟个体数超过 1 000 的亚种群，或者

(ii) 所有个体都存在于一个亚种群中；

b. 成熟个体数极度波动。

D. 种群非常小，或者受到以下任何一种情况的限制：

1. 推断种群的成熟个体数少于 1 000；

2. 种群的占有面积（典型的是小于 20 平方千米）或者地点数目（典型的是少于 5 个）有限，容易受到人类活动（或者由于人类活动造成影响力增加的随机事件）的影响，在未知的将来，可能在极短时间内成为极危分类单元，甚至绝灭。

E. 定量分析表明今后 100 年内，野外绝灭的概率至少达到 10%。

（引自《IUCN 物种红色名录濒危等级和标准（3.1 版）》）

名词释义

迁徙（migratory）：一般指在每年的春季和秋季，鸟类在越冬地和繁殖地之间进行定期、集群飞迁的习性。

留鸟〔resident (R)〕：在该地区整年出现且有繁殖记录，春秋不进行长距离迁徙的鸟种。

旅鸟〔traveler (T)/ migrant〕：仅在该地区作短暂停留或不停留的候鸟，通常在春季或秋季迁徙时过境。

迷鸟〔vagrant visitor (V)/ straggler bird〕：原不属于该地区的鸟种，在迁徙时偏离路线，或气候不佳等不可抗力的自然因素而出现在该地区。

候鸟（migrant）：在春秋两季沿着比较稳定的路线，在繁殖区和越冬区之间进行迁徙的鸟类。

夏候鸟〔summer resident (S)/ summer migrant〕：留在该地区繁殖的鸟，通常春季抵达，秋季离开。

冬候鸟〔winter resident (W)/ winter migrant〕：留在该地区越冬的鸟，通常秋季抵达，春季离开。

古北界〔Palearctic ('Old Arctic')〕：欧亚大陆、格陵兰和北非。

泰加林（taiga）：主要由耐寒的针叶乔木组成森林植被类型。

色型（morph）：一种特殊的、由遗传所决定的羽色类型。

双重呼吸（dual respiration）：鸟类具有非常发达的气囊系统与肺气管相通联，由于气囊的扩大和收缩，气体两次在肺部进行气体交换。这种在吸气和呼气时都能在肺部进行气体交换的呼吸方式，称为双重呼吸。

雏鸟（nestling）：孵出后至廓羽长成之前，通常不能飞翔。

幼鸟〔juvenile (juv.)〕：离巢后独立生活，稚羽刚换成正常体羽，但未达到性成熟的鸟。

亚成鸟〔subadult (subad.)〕：比幼鸟更趋向成熟的阶段，但未到性成熟，有的也作幼鸟的同义词。

成鸟〔adult (ad.)〕：发育成熟能进行繁殖的鸟，羽色已能显示出种的特色和特征。

额（forehead）：与上喙基部相接连的头的最前部。

头顶（crown）：额后的头顶正中部。

枕部（occiput）：为头的最后部，或称为后头（hindhead）。

冠纹（coronary stripe）：头顶中央的纵纹。

冠羽（crest）：头顶上伸出的长羽，常成簇后伸。

顶部（cap）：常用来指额、头顶、后头前部直到眉纹以上的一大块区域。

颊（cheek）：指眼下的颧部区后方；或指耳覆羽，或指此二区的联合。

耳羽（auriculars）：眼后、耳孔上方区域的羽毛。

眉纹（supercilium 或 superciliary stripe）：位于眼上方的类似"眉毛"的斑纹。

贯眼纹（或称过眼纹，transocular stripe）：自眼先穿过眼（及眼周）延伸至眼后的纵纹。

眼圈（orbital ring）：眼的周缘，形成圈状。

眼先（lore）：鸟的头部嘴角之后，眼之前。

髭（zī）纹（moustachial stripe）：位于下嘴基、介于颊与喉之间的纵纹，亦称颚纹（maxillary stripe）。

颏（chin）：喙基部腹面所接续的一小块羽区。

颌（hé，jaw）：口腔上部和下部的骨头和肌肉组织。上部叫上颌，下部叫下颌。

后颈（或称项，nape）：与头的枕部相接近的颈后部。

喉（throat）：紧接颏部的羽区。

颈圈（collar）：环前颈或后颈而过的具色彩反差的条带或横斑。

背（back）：自颈后至腰前的背方羽区。

肩（scapulars）：背的两侧、翅基部的长羽区域。

腰（rump）：下背部之后、尾上覆羽前的羽区。

胁（flanks）：体侧相当于肋骨所在区域。

胸（breast）：龙骨突起所在区域。

腹（abdomen）：胸部以后至尾下覆羽前的羽区，可以泄殖腔孔为后界。

肛周（crissum）：围绕泄殖腔四周的一圈短羽。

吻：动物的口、唇等嘴部组成结构。

嘴角（gonys angle）：上下嘴基部相接之处。

鼻孔（nostril）：喙基的成对开孔。

蜡膜（cere）：上嘴基部的膜状覆盖构造。

换羽（moult）：羽毛的定期更换。

繁殖羽〔breeding plumage (br.)〕：成鸟在繁殖季节的被羽，也叫夏羽，是在早春换羽而呈现的羽。

非繁殖羽〔non-breeding plumage (non-br.)〕：繁殖期过后所换上的羽，亦称冬羽，旅鸟在迁徙过程中完成换羽。

飞羽（remiges）：为翅的一列大型羽毛，依着生部位可分为：着生于掌指骨（手部）的初级飞羽（primaries）；着生于尺骨（前臂）上的次级飞羽（secondaries）；着生于肱骨上的三级飞羽（tertiaries）。

覆羽（wing coverts）：为覆盖在飞羽基部的小型羽毛。其中覆于初级飞羽基部的称初级覆羽（primary coverts）：覆于次级飞羽基部的称次级覆羽（secondary coverts）。次级覆羽可明显地分为三层，即大覆羽（greater coverts）、中覆羽（medium coverts）和小覆羽（lesser coverts）。

肩羽（scapulars）：位于翼背方最内侧的覆盖三级飞羽的多层羽毛，当翅合拢时恰好位于肩部。

翼镜（speculum）：也称翅斑，翼上特别明显的色斑，通常为初级飞羽或次级飞羽的不同羽色区段所构成。

尾上覆羽（upper tail coverts）：上体腰部之后、覆盖尾羽羽根的羽毛。

尾下覆羽（under tail coverts）：下体泄殖腔开口之后、覆盖尾羽羽根的羽毛。

中央尾羽（central rectrices）：居于中央的一对尾羽。其外侧者统称外侧尾羽（latral rectrices）。

羽饰（plume）：一种特形延长的羽毛，常用于炫耀表演。

羽饰斑纹： 点斑（spot）、鳞斑（squamate）、横斑（bar）、蠹状斑（亦称不规则鳞状斑，vermiculation）、条纹（stripe）、块斑（patch）及羽干纹（shaft streak）。后者为羽干颜色不同于羽片而形成的条纹或沿羽干区分布的较窄的条纹。

滑翔（gliding）： 两翼平伸或略呈后掠而无扑翼动作的平直飞行。

距（spur）： 自跗跖部后缘伸出的角质刺突，其内常有骨质突。

跗（fū）跖（tarsometatarsus）： 在胫之下，为一般鸟脚显著部分，除少数鸟类被羽外，其他附生各种鳞片，其中后缘常具有两个整片纵鳞，前缘鳞多变。

脚（foot）： 股（thigh）、胫（shank）、跗（fū）跖（tarsometatarsus）和趾（toe）的总称。

鬃（zōng）毛： 哺乳动物颈部周围生长的又长又密的毛。

獠牙（tush）： 哺乳动物上颌骨或下颌骨上长出来的发育非常强壮的、没有牙根的、不断继续生长的牙齿。

反刍（ruminate）： 也称倒嚼，指进食经过一段时间以后将在胃中半消化的食物返回嘴里再次咀嚼。